《科学美国人》精选系列

极简宇宙新知

《环球科学》杂志社
外研社科学出版工作室 | 编

畅销全球170年
《科学美国人》
精选

外语教学与研究出版社
FOREIGN LANGUAGE TEACHING AND RESEARCH PRESS
北京 BEIJING

图书在版编目（CIP）数据

极简宇宙新知／《环球科学》杂志社，外研社科学出版工作室编. -- 北京：
外语教学与研究出版社，2018.6（2019.11 重印）
（《科学美国人》精选系列）
ISBN 978-7-5213-0090-1

Ⅰ. ①极… Ⅱ. ①环… ②外… Ⅲ. ①宇宙－普及读物 Ⅳ. ①P159-49

中国版本图书馆 CIP 数据核字 (2018) 第 125977 号

出 版 人　徐建忠
责任编辑　蔡　迪
责任校对　刘雨佳
装帧设计　水长流文化
出版发行　外语教学与研究出版社
社　　址　北京市西三环北路 19 号（100089）
网　　址　http://www.fltrp.com
印　　刷　北京华联印刷有限公司
开　　本　710×1000　1/16
印　　张　13
版　　次　2018 年 7 月第 1 版　2019 年 11 月第 2 次印刷
书　　号　ISBN 978-7-5213-0090-1
定　　价　59.80 元

购书咨询：（010）88819926　电子邮箱：club@fltrp.com
外研书店：https://waiyants.tmall.com
凡印刷、装订质量问题，请联系我社印制部
联系电话：（010）61207896　电子邮箱：zhijian@fltrp.com
凡侵权、盗版书籍线索，请联系我社法律事务部
举报电话：（010）88817519　电子邮箱：banquan@fltrp.com
物料号：300900001

记载人类文明
沟通世界文化
www.fltrp.com

《科学美国人》精选系列

丛书顾问

陈宗周

丛书主编

刘　芳　　章思英

褚　波　　姚　虹

丛书编委（按姓氏笔画排序）

刘雨佳　　刘晓楠　　李盎然　　吴兰　　何铭　　罗凯

赵凤轩　　郭思彤　　韩晶晶　　蔡迪　　廖红艳

集成再创新的有益尝试

欧阳自远

中国科学院院士　中国绕月探测工程首席科学家

　　《环球科学》是全球顶尖科普杂志《科学美国人》的中文版，是指引世界科技走向的风向标。我特别喜爱《环球科学》，因为她长期以来向人们展示了全球科学技术丰富多彩的发展动态；生动报道了世界各领域科学家的睿智见解与卓越贡献；鲜活记录着人类探索自然奥秘与规律的艰辛历程；传承和发展了科学精神与科学思想；闪耀着人类文明与进步的灿烂光辉，让我们沉醉于享受科技成就带来的神奇、惊喜之中，对科技进步充满敬仰之情。在轻松愉悦的阅读中，《环球科学》拓展了我们的知识，提高了我们的科学文化素养，也净化了我们的灵魂。

　　《环球科学》的撰稿人都是具有卓越成就的科学大家，而且文笔流畅，所发表的文章通俗易懂、图文并茂、易于理解。我是《环球科学》的忠实读者，每期新刊一到手就迫不及待地翻阅以寻找自己最感兴趣的文章，并会怀着猎奇的心态浏览一些科学最前沿命题的最新动态与发展。对于自己熟悉的领域，总想知道新的发现和新的见解；对于自己不熟悉的领域，总想增长和拓展一些科学知识，了解其他学科的发展前沿，多吸取一些营养，得到启发与激励！

每一期《环球科学》都刊载有很多极有价值的科学成就论述、前沿科学进展与突破的报告以及科技发展前景的展示。但学科门类繁多，就某一学科领域来说，必然分散在多期刊物内，难以整体集中体现；加之每一期《环球科学》只有在一个多月的销售时间里才能与读者见面，过后在市面上就难以寻觅，查阅起来也极不方便。为了让更多的人能够长期、持续和系统地读到《环球科学》的精品文章，《环球科学》杂志社和外语教学与研究出版社合作，将《环球科学》刊登的"前沿"栏目的精品文章，按主题分类，汇编成系列丛书，包括《大美生命传奇》、《极简量子大观》、《极简宇宙新知》、《未来地球简史》等，再度奉献给读者，让更多的读者特别是年轻的朋友们有机会系统地领略和欣赏众多科学大师的智慧风采和科学的无穷魅力。

当前，我们国家正处于科技创新发展的关键时期，创新是我们需要大力提倡和弘扬的科学精神。前沿系列丛书的出版发行，与国际科技发展的趋势和广大公众对科学知识普及的需求密切结合；是提高公众的科学文化素养和增强科学判别能力的有力支撑；是实现《环球科学》传播科学知识、弘扬科学精神和传承科学思想这一宗旨的延伸、深化和发扬。编辑出版这套丛书是一种集成再创新的有益尝试，对于提高普通大众特别是青少年的科学文化水平和素养具有很大的推动意义，值得大加赞扬和支持，同时也热切希望广大读者喜爱这套丛书！

前言 科学奇迹的见证者

陈宗周

《环球科学》杂志社社长

1845年8月28日，一张名为《科学美国人》的科普小报在美国纽约诞生了。创刊之时，创办者鲁弗斯·波特（Rufus M. Porter）就曾豪迈地放言：当其他时政报和大众报被人遗忘时，我们的刊物仍将保持它的优点与价值。

他说对了，当同时或之后创办的大多数美国报刊消失得无影无踪时，170岁的《科学美国人》依然青春常驻、风采迷人。

如今，《科学美国人》早已由最初的科普小报变成了印刷精美、内容丰富的月刊，成为全球科普杂志的标杆。到目前为止，它的作者，包括了爱因斯坦、玻尔等160余位诺贝尔奖得主——他们中的大多数是在成为《科学美国人》的作者之后，再摘取了那顶桂冠的。它的无数读者，从爱迪生到比尔·盖茨，都在《科学美国人》这里获得知识与灵感。

从创刊到今天的一个多世纪里，《科学美国人》一直是世界前沿科学的记录者，是一个个科学奇迹的见证者。1877年，爱迪生发明了留声机，当他带着那个人类历史上从未有过的机器怪物在纽约宣传时，他的第一站便选择了《科学美国人》编辑部。爱迪生径直走进编辑部，把机器放在一张办公桌上，然后留声机开始说话了："编辑先生们，你们伏案工作很辛苦，爱迪生先生托我向你们问好！"正在工作的编辑们惊讶得目瞪口呆，手中的笔停在空中，久久不能落下。这一幕，被《科学美国人》记录下来。1877年12月，《科学美国人》刊文，详细介绍了爱迪生的这一伟大发明，留声机从此载入史册。

留声机，不过是《科学美国人》见证的无数科学奇迹和科学发现中的一个例子。

可以简要看看《科学美国人》报道的历史：达尔文发表《物种起源》，《科学美国人》马上跟进，进行了深度报道；莱特兄弟在《科学美国人》编辑的激励下，揭示了他们飞行器的细节，刊物还发表评论并给莱特兄弟颁发银质奖杯，作为对他们飞行距离不断进步的奖励；当"太空时代"开启，《科学美国人》立即浓墨重彩地报道，把人类太空探索的新成果、新思维传播给大众。

今天，科学技术的发展更加迅猛，《科学美国人》的报道因此更加精彩纷呈。无人驾驶汽车、私人航天飞行、光伏发电、干细胞医疗、DNA计算机、家用机器人、"上帝粒子"、量子通信……《科学美国人》始终把读者带领到科学最前沿，一起见证科学奇迹。

《科学美国人》也将追求科学严谨与科学通俗相结合的传统保持至今并与时俱进。于是，在今天的互联网时代，《科学美国人》及其网站当之无愧地成为报道世界前沿科学、普及科学知识的最权威科普媒体。

科学是无国界的，《科学美国人》也很快传向了全世界。今天，包括中文版在内，《科学美国人》在全球用15种语言出版国际版本。

　　《科学美国人》在中国的故事同样传奇。这本科普杂志与中国结缘，是杨振宁先生牵线，并得到了党和国家领导人的热心支持。1972年7月1日，在周恩来总理于人民大会堂新疆厅举行的宴请中，杨先生向周总理提出了建议：中国要加强科普工作，《科学美国人》这样的优秀科普刊物，值得引进和翻译。由于中国当时正处于"文革"时期，杨先生的建议6年后才得到落实。1978年，在"全国科学大会"召开前夕，《科学美国人》杂志中文版开始试刊。1979年，《科学美国人》中文版正式出版。《科学美国人》引入中国，还得到了时任副总理的邓小平以及时任国家科委主任的方毅（后担任副总理）的支持。一本科普刊物在中国受到如此高度的关注，体现了国家对科普工作的重视，同时，也反映出刊物本身的科学魅力。

　　如今，《科学美国人》在中国的传奇故事仍在续写。作为《科学美国人》在中国的版权合作方，《环球科学》杂志在新时期下，充分利用互联网时代全新的通信、翻译与编辑手段，让《科学美国人》的中文内容更贴近今天读者的需求，更广泛地接触到普通大众，迅速成为了中国影响力最大的科普期刊之一。

《科学美国人》的特色与风格十分鲜明。它刊出的文章，大多由工作在科学最前沿的科学家撰写，他们在写作过程中会与具有科学敏感性和科普传播经验的科学编辑进行反复讨论。科学家与科学编辑之间充分交流，有时还有科学作家与科学记者加入写作团队，这样的科普创作过程，保证了文章能够真实、准确地报道科学前沿，同时也让读者大众阅读时兴趣盎然，激发起他们对科学的关注与热爱。这种追求科学前沿性、严谨性与科学通俗性、普及性相结合的办刊特色，使《科学美国人》在科学家和大众中都赢得了巨大声誉。

　　《科学美国人》的风格也很引人注目。以英文版语言风格为例，所刊文章语言规范、严谨，但又生动、活泼，甚至不乏幽默，并且反映了当代英语的发展与变化。由于《科学美国人》反映了最新的科学知识，又反映了规范、新鲜的英语，因而它的内容常常被美国针对外国留学生的英语水平考试选作试题，近年有时也出现在中国全国性的英语考试试题中。

　　《环球科学》创刊后，很注意保持《科学美国人》的特色与风格，并根据中国读者的需求有所创新，同样受到了广泛欢迎，有些内容还被选入国家考试的试题。

　　为了让更多中国读者了解世界科学的最新进展与成就、开阔科学视野、提升科学素养与创新能力，《环球科学》杂志社和外语教学与研究出版社展开合作，编辑出版能反映科学前沿动态和最新科学思维、科学方法与科学理念的"《科学美国人》精选系列"丛书。

丛书内容精选自近年《环球科学》刊载的文章，按主题划分，结集出版。这些主题汇总起来，构成了今天世界科学的全貌。

丛书的特色与风格也正如《环球科学》和《科学美国人》一样，中国读者不仅能从中了解科学前沿和最新的科学理念，还能受到科学大师的思想启迪与精神感染，并了解世界最顶尖的科学记者与撰稿人如何报道科学进展与事件。

在我们努力建设创新型国家的今天，编辑出版"《科学美国人》精选系列"丛书，无疑具有很重要的意义。展望未来，我们希望，在《环球科学》以及这些丛书的读者中，能出现像爱因斯坦那样的科学家、爱迪生那样的发明家、比尔·盖茨那样的科技企业家。我们相信，我们的读者会创造出无数的科学奇迹。

未来中国，一切皆有可能。

目录 | C O N T E N T S

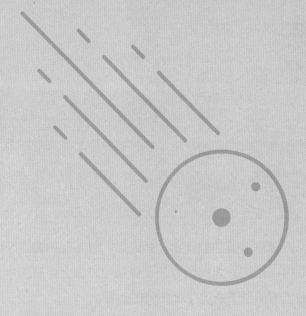

话题一
太空来客造访地月系

我们赖以生存的地球家园，时刻在经受着来自太空来客的考验。这些太空来客有的威胁着地球上的生命，有的送来了天外宝藏，还有的在地球诞生之际的一次天地大冲撞中，造就了地球的卫星——月球。

启动磁场
护卫地球

撰文 | 约翰·马特森（John Matson）
翻译 | 庞玮

地球不但孕育了生命，还以它强有力的武器——磁场，时刻保护着这个生物赖以生存的家园，使生命得以延续。太阳风夺去了金星和火星上大量的水，而地球上的生命则在地球磁场的护卫下逃过了太阳风的魔掌。

地球强有力的磁场保护着这颗行星和居住于此的生命免受太阳风的侵袭，使它们不至于像金星和火星那样，由于缺乏坚强的护卫，在演化岁月中被来自太阳的离子风暴不断轰击。在太阳的离子风暴的轰击下，金星和火星上的水资源逐渐枯竭，大气层也日益薄弱。弄清地球磁场出现的时间表和地磁产生机制（地核外层的岩浆对流像发电机般产生地球磁场），有助于还原地球早期历史，揭示包括地质、气象和天文过程在内的各种因素是如何将地球打造成一处宜居之所的。

美国罗切斯特大学的地球物理学家约翰·塔尔杜诺（John A. Tarduno）已经和同事一道对此展开研究。他们提供的证据表明，地球早在34.5亿年前就通过上述流体发电机的机制获得了磁场，此时距地球形成不过10亿年左右。这项

太阳风

太阳风是从太阳大气最外层的日冕，向空间持续抛射出来的物质粒子流。这种粒子流是从冕洞中喷射出来的，其主要成分是氢粒子和氦粒子。太阳风对地球的影响很大，当它抵达地球时，往往引起很大的磁暴与强烈的极光，同时也产生电离层骚扰。

磁力线保护地球：新的证据表明，保护着地球，使地球不被太阳风直接吹袭的地球磁场，可以追溯到大约34.5亿年前。这与生命诞生的时间大致吻合。

研究成果发表在2010年3月5日的《科学》（*Science*）杂志上，它将地球磁场的历史提前了至少2亿年。从事相关研究的另一个小组曾在2007年提供了类似证据，不过他们的岩石样本年代稍晚，由此推测出的结论是地球在32亿年前便拥有了很强的地磁场。

塔尔杜诺和他的研究组分析了来自卡普瓦尔克拉通（克拉通指地壳中相对稳定的部分）的岩石，这一区域位于非洲大陆南部尖端附近，仍保留着早期太古宙（太古宙为距今约38亿年前至25亿年前的这段地质时期）陆壳的原貌。他们在2009年发现，其中一些岩石在34.5亿年前曾被磁化过，而现有的直接证据表明生命诞生于约35亿年前，两者大致吻合。但这些岩石磁场也有可能是被地外磁场磁化的，如太阳风暴。金星就是一个例子，尽管它的内部磁场很弱，但太阳风暴对其浓密大气层的不断轰击，导致金星仍然拥有一个可探测到的行星磁场。

在这项研究中，他们测算了在卡普瓦尔岩石上留下现有磁场烙印所需的磁场强度，结果表明该磁场强度是现有地磁场强度的50%～70%，比预期的外部磁场（如微弱的金星磁场）强出好多倍。这一结果表明，当时存在的磁场应该是内部流体发电机产生的。

研究者进一步推测了当时的地磁场能在多大程度上抵御太阳风，由此发现太古宙早期地球的磁层顶距离地球表面约3万千米。磁层顶是地磁场抵御太阳风的最外层边界。如今地球磁层顶到地面的距离约为6万千米，具体位置会随太阳的极端能量喷发活动而不断变动。塔尔杜诺说："35亿年前磁层顶的稳定位置，和如今超级太阳风暴发生时的磁层顶位置差不多。"磁层顶距离地面如此之近，无法完全屏蔽太阳风，因此早期地球或许已经失去过很多的水。

随着寻找太阳系外类地行星的步伐日益加快，塔尔杜诺说，今后在模拟行星的生命适宜程度时应该将行星风、行星大气和磁场之间的关系考虑进去。他指出，目前看来磁场对行星水储量的影响尤为重要。

美国华盛顿大学塔科马分校的地质学家彼得·塞尔金（Peter A. Selkin）认为，上述工作引人注目，结果也合乎情理。不过他也指出，虽然卡普瓦尔克拉通的矿物构成和环境温度在过去数十亿年间变化不大，"但并非原封不动地保持在初始状态"。他认为："还要进一步分析塔尔杜诺及其合作者所用的矿石，不能急于下定论。"

加拿大多伦多大学的地球物理学家戴维·邓洛普（David J. Dunlop）对塔尔杜诺小组的结果有信心，他称此项工作"论证非常严谨"，将这些磁场出现的时间确定为距今34亿～34.5亿年前"是非常有把握的"。邓洛普还说："能将地球发电机的启动时间再往前推，想想就让人激动，不过这似乎不太可能。"因为地球上再也没有其他地方能够获得自然界的垂青，将原始磁场的痕迹如此完整地保存下来了。

陨石坑
一个真实的百慕大

撰文 | 格雷厄姆·科林斯（Graham P. Collins）
翻译 | Joy

让我们来看看地球被小行星撞击后留下的痕迹。在南非的弗里德堡，我们可以见到地球上最古老也是最巨大的撞击遗迹之一，一个总直径为250～300千米的陨石坑。在它的中心，磁场杂乱，让人不禁想起神秘的百慕大三角。

"这就像在百慕大三角一样，"南非艾塞姆巴加速器基础科学实验室的罗杰·哈特（Rodger J. Hart）说，"我拿着指南针亲自进行了验证。起初，磁针稳定地指向一个方向，根据我的认识，这应该是磁北极的方位。我向前跨了一步，磁针却转向了一个完全不同的象限，再跨一步，磁针方向又发生了改变。然后，我将指南针紧贴在我们脚下的那块露出地表的巨大岩石上面，再移动指南针。每隔几厘米，磁针就会摇摆不定。"

这里是弗里德堡陨石坑的中心，位于南非约翰内斯堡西南方向大约100千米处。弗里德堡陨石坑是地球上最古老和最巨大的撞击遗迹之一，形成于大约20亿年前。当时，一颗直径10千米的小行星击中了地球。尽管其他地方还存在着更古老的撞击证据，比如南非和澳大利亚西部，但在那些地点，地质结构都没能经受住时间的考验而留存下来。

用肉眼观察，弗里德堡本身并不是一个明显的陨石坑。地质学家们估计，陨石坑的总直径为250～300千米，但环壁早已被侵蚀干净。保留下来最明显的结构是弗里德堡丘，这是陨石坑的"反弹峰"，也就是撞击后深层岩石从陨石坑中央抬升而起的位置。

按照哈特的说法，在撞击最猛烈的时刻，空气会被电离。此时流动的电流产生了一个非常强大而混乱的磁场，这可能就是弗里德堡磁性异常的成因。实验证明，撞击可以产生如此强的磁场。科学家已经计算出，一颗大小只有弗里德堡小行星1/10，即直径1,000米的小行星，就能在100千米以外，产生出一个比地磁场强1,000倍的磁场。

弗里德堡强烈但却杂乱的磁性，在航空勘测时并不明显。分析表明，陨石坑上方的磁场异常微弱，就像一个在普遍存在的磁场中挖出的空洞一样。从过高的位置上观察，地面上所有的磁性异常都会被抹去，完全消失不见。

这些结果也许不仅能够应用在地球的地质学上，而且，还可以用来研究火星。当火星环球勘测者飞行器从轨道上测量的时候，巨大的火星盆地希腊盆地和阿尔及尔盆地几乎没有显现出磁性。传统的解释是这样的：大约40亿年前，当这些陨石坑形成的时候，撞击使此前存在于岩石中的磁性消失了。因此，这些盆地形成时，火星上必定不存在磁场，否则，盆地中的岩石冷却时，这样的磁场就应该保留在岩石的磁性中。火星现在确实没有磁场，但在很久以前，它是存在磁场的。因此，这种标准解释暗示，火星在很早之前就丧失了自己的

受激的岩石

在弗里德堡陨石坑中，异常强烈和杂乱的磁性只出现在"受激"的岩石之中——也就是那些经受过强烈挤压，但却没有熔化的岩石中。南非艾塞姆巴加速器基础科学实验室的罗杰·哈特，与法国巴黎地球物理研究所的同事们共同指出，这些出现在薄岩层中的受激岩石会迅速冷却，从而将撞击时产生的剧烈和杂乱的磁场模式锁定下来。相反，那些非受激的岩石会熔化，并且形成较大的熔岩池，需要好几天才能冷却下来，它们只能保存较弱的、更为规则的地球天然磁性。

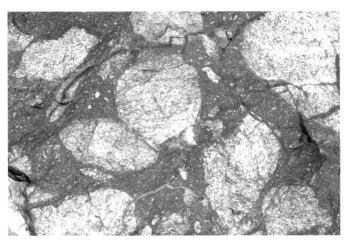

弗里德堡陨石坑强烈而杂乱的磁性，就存在于与图片中褐色花岗岩巨砾类似的岩石之中。深色的岩石是假玻璃熔岩，由熔化的花岗岩形成。

磁场。

　　不过，哈特指出，如果希腊盆地和阿尔及尔盆地拥有与弗里德堡陨石坑相同的性质，人们就无法得出关于它们形成时期火星磁场的任何结论——当时的火星磁场说不定还在增强呢。但是，火星环球勘测者计划的一位主要研究员马里奥·阿库尼亚（Mario Acuña）指出，从那些大小与弗里德堡相当的较小火星陨石坑中取得的数据，并不支持哈特的想法。

　　而在对地球的研究上，哈特提出了一个高分辨率的弗里德堡磁场勘测计划：利用直升机，从低到足以看到磁场变化的高度进行勘查。这将取得一张完整的磁场图，并为这个陨石坑的奇怪现象理出一些头绪。

构建地球
之"盾"

撰文 | 克拉拉·莫斯科维茨 (Clara Moskowitz)
翻译 | 王栋

车里雅宾斯克的陨石事件向人类敲响了警钟。为了保护地球，联合国迈出了防止小行星撞击地球的第一步。

2013年2月，一颗陨石在俄罗斯的车里雅宾斯克上空划过后，全世界的空间研究机构居然和普通大众一样，是在社交媒体上得知这一消息的。用退役宇航员卢杰（Edward Tsang Lu）的话说，这是不可接受的——联合国也这么认为。

2013年10月，联合国大会通过了一系列决议，旨在降低小行星撞击地球的风险。联合国计划，在成员国间设立一个"国际小行星预警组织"，共享具有潜在危险的小行星信息。一旦天文学家侦测到某颗小行星具有威胁，联合国"和平利用外层空间委员会"将出面协同应对，想办法改变小行星轨道，以保护地球。这些应对危险小行星的初步措施，是卢杰和其他"空间探索者协会"（ASE）的会员向联合国建议的。ASE还建议联合国组织一项演习，在必须采取这类行动之前，对将小行星推离其原有轨道的技术方案进行测试。

ASE还提议，每个国家都应有一个专门负责小行星事务的机构。"目前，世界上还没有哪个国家，将保护地球（免受小行星撞击）的职责明确分配给某个机构。"在2013年10月美国自然历史博物馆举办的一次公开讨论会上，ASE成员、参与过"阿波罗9号"任务的宇航员拉斯蒂·施维卡特（Rusty Schweickart）说。

保护地球的下一个重要步骤，是识别危险性的小行星。"大小足以摧毁纽约的小行星大约有100万颗，"卢杰在会上说，"我们面对的挑战是，在这些小行星'找上门来'前发现它们。"

为应对小行星撞击问题，卢杰创立了非营利机构B612基金会。这家基金会将通过募集私人资金，研制一台名为"哨兵"的太空望远镜。这台望远镜对红外线（即小行星由于太阳加热而辐射出的热能）敏感，这一特性应该能让它发现许多确实存在危险性的小行星。但对于大部分更小的小行星，例如在车里雅宾斯克上空爆炸的那颗，"哨兵"仍然发现不了。

在巨大的小行星撞击地球之前，对它们进行早期探测非常重要，因为这样可以提高改变小行星轨道的可能性。比方说，如果能在某颗小行星撞击地球的5～10年前，发射一艘太空船撞向那颗小行星，造成其轨道的微小变化，就应该足以确保它与地球"擦肩而过"。

美国自然历史博物馆的尼尔·德格拉斯·泰森（Neil deGrasse Tyson）在讨论会上说，车里雅宾斯克陨石导致1,000多人受伤，好比一次"警告射击"。现在，是地球人采取行动的时候了。

一颗陨石于2013年2月袭击了车里雅宾斯克。

星尘计划：
寻找微型陨石

撰文 | 珍妮弗·哈克特（Jennifer Hackett）

翻译 | 马骁骁

怎样在家门口找到来自太空的陨石碎片？如果你感兴趣，就可以像"陨石猎人"那样，收集天外宝藏，加入"星尘计划"。

大型陨石并不多见，但是微小的陨石却时刻在"轰炸"着地球。据美国国家航空航天局（NASA）估计，每天有约100吨来自宇宙的尘埃、沙砾和石块来到地球。被称为"陨石猎人"的业余天文学家理查德·加里奥特（Richard Garriott）介绍："石块大小的陨石，地球上平均每平方千米就能找到一个。如果把谷粒大小的也考虑进来，那就数不胜数了。"

事实上，在你自家的屋顶上就能收集到很多微型陨石。虽然微型陨石大多落在海洋中，但还是有很多会落入城市和乡镇，掉在屋顶的缝隙中。下雨后，这些碎片往往会被冲入排水沟中。

为了找出这些主要成分为镍和铁的石块，加里奥特在花园的瓷砖缝隙上设置了一个强力磁铁，排水沟的水会从缝隙中流过。除了微型陨石，磁铁同时会吸上一些建筑废屑，如从铁钉表层或是装饰庭院用到的天然石块上剥落下的碎屑。不过要"去芜存菁"倒也不难，微型陨石通常是球形，而且有一层特殊的"外壳"。这种标志性的外壳是在陨石熔化时形成的玻璃层，在显微镜下可以轻易地辨识出来。

加里奥特并不是唯一对这种天外宝藏充满兴趣的人。"星尘计划"是一项针对微型陨石的独立研究项目，旨在鼓励业余爱好者分享自己的发现。目前业余爱好者已经向该项目提交了**3,000**多幅疑似陨石的照片。

月球的
胖脸蛋

撰文 | 蔡宙（Charles Q. Choi）
翻译 | 王靓

在背对地球的一面，月球的赤道地区微微隆起，看起来像是长了个胖脸蛋，这让人们困惑不已。一些研究人员认为，如果月球曾经运行在离地球更近的轨道上，那么这个问题就迎刃而解了。

月球背朝地球的那面，赤道地区稍微隆起，长久以来这都令研究人员困惑不已。科学家们曾猜测，这种隆起是在月球早期覆盖月面的岩浆海洋凝固时，由于重力和月球自转而形成的。但是这种假设与月球的早期轨道理论并不完全相符。现在，美国麻省理工学院的研究人员认为，如果在月球形成后的1亿~2亿年间，它的轨道到地球的距离只有现在的一半，并且更接近椭圆的话，他们就能说明隆起现象的成因。这条轨道类似现在的水星轨道，每公转两圈就自转三圈。这样就能有效促使隆起的形状"冻结"在目前的位置上。这一发现同时也表明，有一段时期，月球只需要18个小时就能完成一次圆缺变化；那时地球上每天有4次潮起潮落，并且潮汐强度是现在的10倍。这项发现公布在2006年8月4日的《科学》杂志上。

月球
沙砾

撰文 | 安·金 (Ann Chin)

翻译 | 赵瑾

猜得出照片上的是什么吗？ 这是放大了300倍的月球沙砾。同时看这两幅图，你将看到立体沙砾。

研究人员利用新型成像技术，重新检测了"阿波罗11号"带回地球的月球样本。加里·格林伯格（Gary Greenberg）是美国夏威夷大学天文研究所的兼职助理研究员。他所拍摄的这张月球沙砾（放大了300倍）照片，是一张三维立体图像（先将双眼稍微向双眼中间斜视，直至看到3个图像，然后聚焦于中央的图像）。该图像显示了微陨石（直径小于1毫米的固体地外物质）冲击这颗沙砾时在中央形成的圆环。微陨石冲击所产生的巨大热量使得沙砾熔化，而当它迅速冷却时，就形成了这种类似玻璃的结构。格林伯格和同事希望，通过先进的成像技术，对这些月球沙砾进行更精密的检测，以帮助科学家进一步了解月球的演化过程。

钾同位素揭示月球形成过程

撰文 | 吴非

45亿年前，地球与天体间的一次大碰撞产生了月球。通过对月球岩石样品的钾同位素分析，科学家为我们描绘出这一过程的宏伟画面。

45亿年前，刚刚诞生的地球多次遭受来自其他天体的撞击，而在其中一次大碰撞中，一个行星胚胎与地球相撞，产生了地球唯一的卫星——月球。但是，关于月球起源的诸多谜团一直有待破解。这个行星胚胎是以什么样的方式撞向地球的？月球的物质来源又是什么？破解这些谜团的线索就藏在月球土壤之下的岩层中。任职于美国华盛顿大学（圣路易斯）的王昆与合作者在《自然》（*Nature*）上发表文章，通过研究钾同位素证明，这次碰撞是一次高能量、高角动量的剧烈撞击过程。

传统模型认为，低速运行的天体与地球发生低角度碰撞时，原始地球的结构基本不受破坏，而月球的物质主要来自碰撞天体。但是，近期的氧同位素研究对这一观点提出了挑战。在太阳系中，由于起源各不相同，各天体的氧同位素（$\Delta^{17}O$）数值差异明显。而研究发现，月球岩石与地球的$\Delta^{17}O$一致，这意味着碰撞天体与原始地球的物质很可能在碰撞过程中混合在一起，月球由混合后的物质组成。

但是，要想验证该结论的正确性，并揭示具体的碰撞过程，地球化学家仍需找到更多的证据，而钾同位素因挥发性适中受到关注。挥发性较低的元素在碰撞过程中难以出现同位素分馏，而挥发性过高的元素在后期的火山喷发等过

程中仍能发生分馏，因此也难以保留碰撞时的信息。因此，具有中等挥发性的钾就成了破解月球形成过程的关键。

王昆告诉《环球科学》记者："在此前的研究中，由于钾同位素测试的精度比较低，地球和月球的钾同位素值在误差范围内是一致的。"而在最新的研究中，王昆及其合作者运用高精度的钾同位素（$\delta^{41}K$）测试手段，对从美国国家航空航天局获得的7块不同类型的月球岩石样本（包括玄武岩和不同类型的角砾岩）进行了分析。同时，研究人员测量了球粒陨石（可能是地球等类地行星的组成材料）和不同类型的地球岩浆岩样本。

结果显示，地球岩石与球粒陨石的钾同位素值几乎一致，而月球岩石的钾同位素值却普遍高出0.4。也就是说，在大碰撞过程中，钾同位素发生了分馏，组成月球的物质所含的钾元素更重。

是什么样的过程让更重的钾优先进入月球中？在高温环境中，唯一可以导致钾同位素分馏的机制称为瑞利分馏——例如雨滴从大气中凝聚并落下的过程，当产物从开放的气态体系中不断凝聚出来时，较重的同位素更易析出。在碰撞天体与地球物质共同构成的气态体系中，包含着更重的钾同位素的产物不断凝聚出来，最终冷却并形成月球。

可以确定的是，在碰撞过程中，原始地球的大部分物质与碰撞天体共同构成了这些气体。由于瑞利分馏的系数取决于环境压强，通过对同位素值的分析计算，王昆推断，碰撞产生的环境压强在10个大气压以上。

据此，研究人员构建了一幅高能量、高角动量的碰撞图景。在早期太阳系中，大量星云经碰撞、吸积形成大小不一的天体，其中一个在地球刚刚形成不到100万年时，高速径直撞向原始地球，碰撞传递的巨大能量使地球系统飞速旋转。在强大离心力的作用下，地幔、大气层和碰撞天体形成混合均匀的气态体系，气体延伸至洛希极限以外——此时，地球的卫星可以形成，并且不至于因潮汐作用而被撕裂。即使是在这片远离碰撞现场的地方，环境温度还是可以达到3,700℃，压强也有约20个大气压。在几十年的时间中，气体中的物质通过瑞利分馏不断析出，构成熔融的天体。随着该天体不断吸积增长并冷凝，这颗卫星最终在距地球38万千米外的轨道上稳定下来。

王昆的研究为揭示月球形成过程提供了有力的证据，但这还远远不是故事的全部。王昆说："现在从月球返回的样品都集中来自月球有限的几个区域，我们对月球的认识相比我们对地球的了解要差很多。"王昆的研究样本来自阿波罗计划从月球带回的岩石，受月球岩石样品数量的限制，相关研究无论是在项目申请上还是在国际合作上都面临着重重障碍。

按照计划，中国将发射"嫦娥五号"探测器。如果顺利，这项任务将带回月球土壤样本，而岩石样本可能在后继的月球探测中获取。但是，月球形成过程仍然藏有众多谜团，例如碰撞过程后地球的角动量如何演变。王昆说："更多的样品会对我们理解月球形成过程有很大帮助，但是理论上的突破也很重要。计算天文学家根据地球和月球的轨道参数模拟出大碰撞的过程，而我们地球化学家则需要验证这些假说与月球的化学成分是否吻合。只有这样跨学科的合作才能解决月球的起源问题。"

40亿年前
撞击月球的大家伙

撰文 | 卡尔·史密斯（Karl J. P. Smith）
翻译 | 张哲

月球上的巨型陨石坑是怎么形成的？科学家发现，那是被一个"大家伙"撞出来的。

月球表面的黑斑因类似人脸而得名"月中人"。其"右眼"所在位置为雨海盆地，直径达1,200千米，是距今约40亿年前被一个"大家伙"撞击形成的。这个大家伙有多大？2016年，美国布朗大学的行星地质学家彼得·舒尔茨（Peter H. Schultz）重新推测了撞击物的重量，他的结论是，"大概有美国新泽西州那么大"。相关研究结果已经发表在了《自然》杂志上。为了弄清撞击物的大小，舒尔茨和同事戴维·克劳福德（David A. Crawford）把目光投向了月球的地貌。具体来说，就是撞击位置旁边，由撞击碎片形成的沟壑。研究者测量了这些沟壑的大小，并在实验室进行了一些模拟试验，最后计算出撞击物的大小、速度和撞击角度。新得到的撞击强度是先前电脑模拟结果的10倍。这也提醒我们，对于早期太阳系，我们还知之甚少。

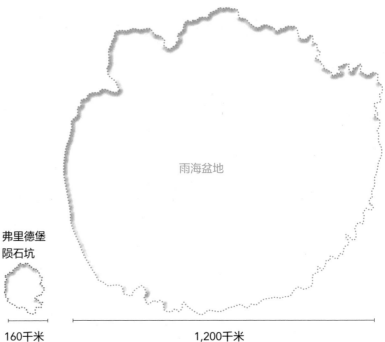

雨海盆地

希克苏鲁
伯陨石坑

弗里德堡
陨石坑

150千米　　　160千米　　　　　　　1,200千米

10千米： 希克苏鲁伯陨石坑撞击物的估算直径。约6,600万年前，这个天外来客撞击了今天的墨西哥，导致恐龙灭绝。

10千米： 南非弗里德堡陨石坑撞击物的估算直径。弗里德堡陨石坑是地球表面已确认的最大陨石坑。

250千米： 撞击月球，形成月球雨海盆地小行星直径的最新估值。

话题二

创意无限的
太空生活

　　太空充满着未知，也充满着无穷魅力，吸引着充满勇气和智慧的人们
去探索。但种种问题也等待着人们去解决：在漫长的太空旅行中，宇航员
吃什么？太空垃圾如何清理？远程星际旅行的能源问题如何解决？科学家
正在解决这些问题，为太空旅行做足准备。

将蚕宝宝端上太空餐桌

撰文 | 蔡宙（Charles Q. Choi）
翻译 | 蒋青

宇航员在太空中吃什么是一门大学问，特别是面临时间漫长的行星际旅行时。为了提供合适的太空食品，科学家列出了太空食品候选者的名单。大家恐怕想象不到，经过了认真论证，蚕宝宝也被推荐到这个太空大餐的菜单中。

宇航员踏上行星际旅行时，恐怕很有必要将能提供食物和氧气的生态系统带上飞船。为了开发出合适的太空食品，科学家可谓绞尽脑汁。家禽、活鱼，甚至蜗牛、蝾螈和海胆幼体……这些太空食品的候选者千奇百怪，却都称不上完美。比方说，养鸡需要准备大量饲料和空间；鱼类等水生生物则对水环境极为敏感，而水环境的维护又绝非易事。

北京航空航天大学的科学家建议，将蚕纳入太空食品候选者的名单。蚕本来就是中国一些地区人们的盘中餐。它们繁殖快，对空间、食物和水的需求却极小。蚕产生的排泄物也不多，并且可以作为船上植物的绿肥而被迅速处理掉。蚕蛹主要由可食性蛋白质组成，其中人体必需氨基酸的含量是猪肉的2倍，是鸡蛋和牛奶的4倍。进行这项研究的科学家还指出：经过化学处理的蚕丝也可以食用。2008年12月24日，这项研究结果被发表在《空间研究进展》（*Advances in Space Research*）网络版上。

来盘蚕宝宝吧：蚕有望成为营养丰富的太空食品。

国际空间站的
咖啡机

撰文 ｜ 布赖恩·勒夫金（Bryan Lufkin）
翻译 ｜ 李玲玲

来看看这台为微重力环境设计的咖啡机。有了它，宇航员就可以在太空享用咖啡了。

想想15年前，生活在国际空间站的宇航员还在急切期待着第一台能在太空中使用的马桶。现在，低轨道飞行生活对宇航员来说已经越来越方便舒适，他们不用再为这些最基本的生活必需品担心，而可以有更高的追求——拥有一台咖啡机。2015年4月，第一台为微重力环境设计的咖啡机运抵空间站。宇航员终于能像资深咖啡爱好者那样，享用到意式咖啡了。

这款咖啡机是由意大利空间局、一家意大利航空航天工程公司Argotec和一家拥有120年历史的意大利咖啡生产商拉瓦萨合作设计的产品。通过可调节的系绳，宇航员可以将这个微波炉大小的太空铝制电器固定在墙上，然后开始煮咖啡（在太空，宇航员一天会经历15或16次日出）。这个专门为太空舱配备的设备，还能为生活在微重力环境下的"美食家"带来清炖肉汤、茶和其他多种汤羹。Argotec公司的戴维·阿维诺（David Avino）说："它就像一个美食实验室。"

煮制过程

使用活塞将水袋中的水泵出，水通过加热器后进入煮咖啡器（经过设计它在各种朝向和位置都能正常工作）。在煮咖啡器里，热水会与咖啡舱里的浓咖啡混合，然后注入装有咖啡粉的第二个袋子里。整个过程耗时大约3分钟。

安全措施

太空咖啡机设计了透明门，这样不仅能让"太空咖啡师"清楚地观看制作时咖啡泡沫的形成过程，同时，也起到了保护作用。如果门开了，咖啡煮制过程就会停下来，以免宇航员被飘浮的咖啡烫伤。

贴心设计

工程师在盛装咖啡的袋子里，还设计了一根内置吸管来给液体透气，使宇航员们能享受到咖啡的芳香。阿维诺说，咖啡因可以使人精神振作，不仅如此，来上一杯咖啡还有助于让人"在不舒服的环境中放松下来"。

白色标配

根据国际空间站的标准，机舱上的每一个设备，都必须有同样的颜色和反射属性，否则会对宇航员造成干扰。因此咖啡机的颜色被设计成了与太空舱相同的白色。

超级管道

地面上的咖啡机一般都使用塑料管来通热水，而这款太空咖啡机使用的是特氟龙涂层钢管，这种钢管能抵御超过400巴的轨道压力（海平面的压力是1巴，1巴＝100,000帕）。

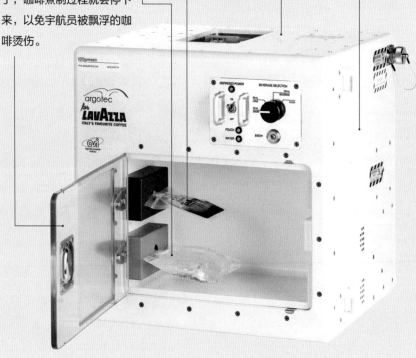

天地间的
"双胞胎对比实验"

撰文 | 埃米·努尔吕姆（Amy Nordrum）
翻译 | 张文韬

美国国家航空航天局把一对双胞胎中的一个送入太空，一个留在地球，然后进行天地间的对比实验。

从2015年3月起，如果退休宇航员马克·凯利（Mark Kelly）想和他的同卵双胞胎弟弟交谈，就必须与千里之外的国际空间站通话了。因为他的弟弟、51岁的宇航员斯科特·凯利（Scott Kelly），参与了为期一年的研究太空旅行对人体健康影响的项目，会前往空间站居住。凯利兄弟的脱氧核糖核酸（DNA）完全相同，这是极其难得的机会——科学家可以观察在零重力环境下基因表达的改变，并与地面上的情况相比对。科学家还将对比这对双胞胎大脑中的液体流动、体内微生物群落的组成，以及染色体末端的"保护帽"——端粒——的衰减速率，了解细胞老化程度。

目前已有200多位宇航员在国际空间站上工作过，凯利兄弟也曾多次前往国际空间站执行任务。自从2000年11月第一批宇航员抵达该站，研究人员就开始监测长期航天飞行对宇航员生理情况的影响。迈克尔·巴勒特（Michael Barratt）曾于2009年

长期的太空飞行不会对遗传造成影响——这听起来不错，但我有点怀疑。

——斯科特·凯利

太空生活对人体的影响

生活在零重力环境下，人体会发生哪些改变？

不适感

进入零重力环境后，大多数宇航员会感到头痛、嗜睡或眩晕。几天后，当身体的感觉系统适应了零重力，这些症状就会消失。

眼睛

一项调查显示，29%的航天飞机宇航员和60%的国际空间站宇航员报告，在太空中他们的视力下降了。许多人变成了远视眼，或者出现了视力模糊，这可能是因为颅骨内的压力变化导致眼睛的形状变平。

骨骼*

在太空中，骨骼的支撑功能下降，骨质流失。骨质流失的速率大约是每月1%至2%。骨质流失尤其易发于承重骨骼上，比如骨盆，这增加了宇航员发生骨折的风险。宇航员返回地球后，需要3年时间才能全面恢复骨骼密度。

免疫系统

某些类型的免疫细胞变得特别活跃，导致身体反应过度，出现过敏或顽固性皮疹。在这次双胞胎实验中，研究人员会让凯利兄弟接种流感疫苗，以观察免疫系统如何响应。

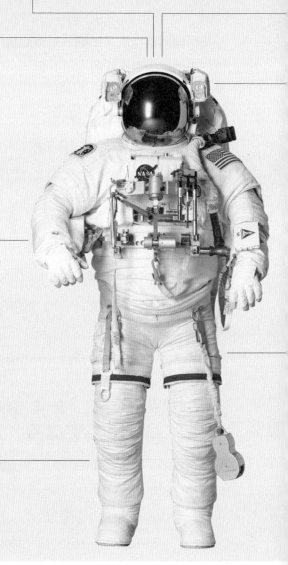

在太空生活了199天。他说："感觉就像被倒悬在空中。"他还补充说："因为在来空间站之前，我们已经历了异常艰苦的模拟训练，所以能胜任真实太空环境下的每项工作。特别是在最初几周，即使自己感觉不佳，还是能完成既定任务。"关于在太空生活几天会对身体造成怎样的影响，美国国家航空航天局的科学家已经掌握了大量资料，并会密切监控这对双胞胎的各种症状。

血流量

在航天飞机或飞船升空时，血液会上涌到头部。由于太空中重力很小或为零，血液会继续向上流动。在这段时间内，身体的下半部分约有10%的血液（1～2升）会涌到头部。宇航员通过穿上特制的"加压裤"来对抗这种太空环境下产生的"包子脸，细鸟腿"现象。

脊柱

由于没有重力，椎骨无法保持紧致的压缩状态，宇航员通常会长高2～3英寸（约5～8厘米），随之而来的是背痛和神经问题。

肌肉*

在大约一周内，国际空间站的"居民"最多可失去其肌肉质量的20%。小腿肌肉、股四头肌、背部和颈部的肌肉特别脆弱，这些肌肉在地球上支撑了身体大部分的重量。为了弥补这些损失，宇航员必须每天锻炼2.5小时。

* 出现这些问题的原因是，自我平衡的适应性要求身体找到新的平衡。只有返回地球的宇航员才会面临这些问题。

太空
微生物

撰文 ｜ 蔡宙（Charles Q. Choi）
翻译 ｜ 蒋顺兴

第一批进驻外星球的人们将面对残酷的生存考验，而研究人员为此提出了一个绝妙的方法来满足太空移民生存的基本需要：征召一些具有绝地生存能力的微生物。它们可以肩负去其他星球提炼矿物质的重任，成为开拓宇宙空间的先驱。

矿业公司能利用微生物回收金、铜、铀等金属。研究人员提出，可以征召细菌进行太空"生物开采"，为将来的月球或火星移民提炼氧气、营养物质和矿物质。

全世界超过1/4的铜由微生物从矿石中获取，它们会切断将铜固定在岩石中的化学键，将需要的材料分离出来。任职于英国米尔顿凯恩斯的开放大学的地质微生物学家卡伦·奥尔森－弗朗西斯（Karen Olsson-Francis）和查尔斯·科克尔（Charles S. Cockell）推断，微生物也可以被"抽调"去其他星球做同样的工作。"这应该是在太空中以土地谋生的一种方式。"科克尔说。

> **蓝细菌**
>
> 蓝细菌又称蓝藻或蓝绿藻，是一类可进行光合作用的原核微生物。蓝细菌的细胞结构非常简单：它没有细胞核，只有呈颗粒状或网状的染色质；没有叶绿体，但有类囊体进行光合作用。蓝细菌分布广泛，可作为水体富营养化的指示生物。

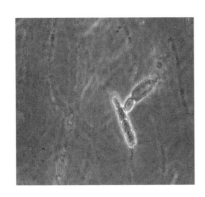

柱孢鱼腥藻

研究人员在类似于月球和火星的风化层（疏松的表面岩石）中，对多种蓝细菌（常被称为蓝绿藻）进行了实验。这些光合细菌已经适应了地球上的一些最极端环境，从极度寒冷干旱的南极麦克默多干谷，到智利炎热干旱的阿塔卡马沙漠，这意味着它们也许有能力在严酷的外太空存活下来。

为了测试微生物的绝地生存能力，奥尔森－弗朗西斯和科克尔将几种细菌发射到高度为300千米的近地轨道，让它们连续暴露在真空、寒冷、炎热和辐射环境中。接着，他们在有水的情况下把这些细菌接种到不同类型的岩石中，包括南非的斜长岩（类似于月球高地风化层）和冰岛火山玄武岩（类似于月球和火星风化层）。2010年，科学家在《行星与空间科学》（*Planetary and Space Science*）上详细阐述了他们的发现。

所有这些微生物都能从岩石中提取钙、铁、钾、镁、镍、钠、锌和铜。不过，通常作为水稻肥料使用的柱孢鱼腥藻生长最快，萃取的元素最多，而且它还能忍受月球和火星的环境，因而成了最具太空利用潜能的蓝细菌。

科克尔认为，利用微生物进行生物开采有许多优点。尽管单靠化学方法就可以从地外风化层中萃取出矿物质，但微生物能够高效催化反应，大大加快反应进程。单纯的化学方法还会耗费大量能量，而能量在早期的地外前哨站中恐怕相当稀缺。并未参与此项研究的天体生物学家伊戈尔·布朗（Igor Brown）说："不发展蓝细菌生物技术，我们就没法向月球和火星移民。"看来，以后宇宙移民不再只是人类的专利了。

清理太空垃圾的
酵母

撰文 | 肯武尔·谢赫（Knvul Sheikh）
翻译 | 杨风丽

太空生活产生的生活垃圾该怎么处理？微生物或许可以解决这个问题。它们能够将宇航员的生活垃圾转化为营养物质或塑料。

宇航员需要轻装旅行，每一升额外的补给品都会增加火箭的负担，但是仅携带必要的食物，又无法满足像美国国家航空航天局的火星探测任务这样长时间星际旅行的需要。科学家正在研发创新性方法，最大限度增加飞船的存储效率，包括回收利用宇航员排出的尿液和呼出的废气。

"宇航员在太空执行任务的时间越来越长，他们产生的生活垃圾也会越来越多。那么问题来了，我们要怎么处理这些垃圾呢？"美国克莱姆森大学的化学工程师、合成生物学家马克·布伦纳（Mark Blenner）说。布伦纳和同事已经证明，酵母菌可以将这些垃圾转化成自身所需要的营养物质，甚至还能够用垃圾合成出可用于制造工具的塑料，这当然比将垃圾带回地球要好得多。

研究人员发现，解脂耶氏酵母（一种烘焙酵母的近亲）可以把人类尿液中的某种成分，作为维持自己生命的食物。同时，研究人员还种植了一种藻类，它能将人类呼出的二氧化碳转化成富含碳元素的营养物质。酵母菌可用这些营养物质合成脂肪酸。通过将海藻和浮游植物中的一些基因整合到酵母菌的基因组中，布伦纳团队还使转基因酵母菌合成出了升级版的脂肪酸——Ω-3脂肪酸，这种物质对保持人类的心脏、眼睛和大脑健康至关重要。另外，布伦纳团队还调整了解脂耶氏酵母合成脂肪酸的方法，使它们合成出了能用于太空3D打印的聚酯塑料。2017年8月，研究人员在美国化学会的年会（一年召开两次）上，报道了他们的发现。

美国国家航空航天局先进探索系统负责技术整合的吉滕德拉·乔希（Jitendra Joshi，未参与此项研究）说："在这项创新性研究中，酵母菌是一种伟大的生物。"接下来，研究人员还需要搞清楚，在低重力、高辐射的太空环境中，微生物能否依旧快速繁殖，并以同样的速率不断合成出人类需要的物质。布伦纳希望，在未来，宇航员将把酵母菌作为个人专属的灵活"生产车间"。

太空垃圾密集
威胁空间探索

撰文 | 约翰·马特森（John Matson）
翻译 | 王栋

太空垃圾是由人类探索宇宙所带来的不受欢迎的"副产品"，它们可能破坏航天器，甚至威胁宇航员的生命安全。科学家正在建造代号为"太空护栏"的雷达系统，用以监测太空垃圾。

自从人类进入太空时代，在历次空间探索中，丢弃在绕地球轨道空间的杂物越来越多。这些杂物包括使用过的火箭助推器、失效卫星、丢弃的工具等。这些逐渐增多的废弃物个个运动速度飞快，足以威胁到以后的空间探索行动。

2011年9月，美国全国研究委员会在一份报告中指出，太空"垃圾场"的密度之大，已经达到了同一轨道上的垃圾会发生碰撞的程度，而碰撞会导致更多更快的垃圾碎片四散纷飞，并脱离原轨道。该报告预测，太空垃圾的数量将会呈指数增长。

太空垃圾

太空垃圾是宇宙空间中除正在工作着的航天器以外的人造物体，包括现代雷达能够跟踪的体积比较大的物体（如报废的卫星）、体积较小不易被发现的物体和核动力卫星及其产生的放射性碎片。这些残骸和废物有意无意地被遗弃在太空中，是潜在的"肇事者"。

在绕地球轨道上，已有数百万块直径超过5毫米的太空垃圾成群结队地高速运动，每一块都具有足以击毁一颗人造卫星的动能。更危险的是，它们会威胁到宇航员的生命安全。2011年6月，国际空间站上的6名宇航员就

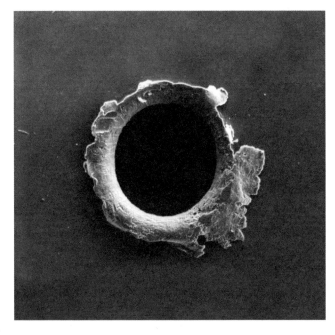

被太空垃圾击中的卫星表面

曾因为一片太空垃圾距离空间站过近——仅有几百米——而进入逃生舱躲避。

　　美国正在采取初步措施，部署更好的追踪系统来应对太空垃圾的威胁。美国空军建造的一个代号为"太空护栏"的雷达系统，能将绕地球轨道上的大多数太空垃圾纳入监测之中。

　　"太空护栏"系统计划由两座位于南半球的雷达站构成，它将取代之前使用的、建造于上世纪60年代的雷达系统。目前的这个雷达系统在甚高频波段运行，而"太空护栏"将使用波长更短的S波段雷达，具有更高的分辨率，可以更好地追踪太空垃圾。"波长越短，能追踪到的太空垃圾就越小。"美国雷神公司"太空护栏"项目的负责人斯科特·斯彭斯（Scott Spence）说。现在的太空垃圾目录中，最小的是垒球大小的碎片。不过斯彭斯表示，即使是在较低轨道上运行的、小如弹珠的太空垃圾，"太空护栏"系统应该也能追踪到。

　　"太空护栏"以及其他一些规模较小的项目，都是为了提高人们对空间环境的了解。然而，如何才能将这种"了解"的水平提高，上升到真正能够采取行动，即清除太空垃圾的水平，人们依旧毫无头绪。

超级纤维
保护太空船

撰文 | 安妮·斯尼德（Annie Sneed）
翻译 | 王栋

为了确保太空船不被太空碎片击毁，工程师们对用来制作护盾的合成纤维进行了测试。测试表明，纤维虽然被每秒数千米的铝弹击破，但它还是能够对舱面起到保护作用。

"凯夫拉"材料能轻易抵挡速度为每秒数百米的子弹。但是，对于在外层空间中以每秒数千米的速度飞驰的太空碎片，这种超级坚韧的合成纤维还是不堪一击。2014年6月，为了测试这种纤维的表现，德国夫琅禾费高速动力研究所的工程师们进行了一次太空垃圾撞击模拟试验。因为有被微小的陨石和其他

太空"漂流物"击中的潜在风险，为国际空间站运送补给的太空船都装备有护盾。护盾的制作材料为一层"凯夫拉"纤维和"内克斯特尔"陶瓷纤维，纤维外面包裹着铝质覆板。在模拟撞击实验中，工程师们用一支特殊的枪，发射了一颗直径为7.5毫米的铝弹，击中了一块试验护盾。这颗飞行速度约为每秒7千米的铝弹击穿了凯夫拉－内克斯特尔纤维，造成了一个拳头大小的洞。即便受到了如此损伤，护盾还是起到了作用——它消散了子弹的能量，从而保护了内部舱面。

为卫星通信
加密

撰文 ｜ 布雷特·海明威（Brett Hemenway）
　　　　比尔·韦尔泽（Bill Welser）

翻译 ｜ 郭凯声

　　安全多方计算协议既可保证太空中数千颗卫星互不相撞，又可以保证各卫星轨道数据不会泄露。

　　2009年2月，美国的"铱星33号"与俄罗斯的"宇宙2251号"卫星相撞，导致这两颗通信卫星瞬间毁灭。根据当时跟踪这两颗卫星的地面望远镜观察，它们的轨道应该是彼此错开的，然而从其中任何一颗卫星搭载的仪器所记录的数据来看，我们都会发现情况完全相反。为何操作人员没有利用来自卫星本身的位置信息呢？

　　轨道数据实际上是一类需要严格保密的数据，所有人都将卫星的位置和运行路线视为机密资料。拥有卫星的那些企业担心，泄露这些信息会使自己丧失竞争优势。因为把确切的定位信息分享出去，可能会向竞争对手暴露自己的实力。同时，政府也担心这些信息泄露出去会危害国家安全。但将这些信息保密可能导致卫星碰撞——即使是不严重的碰撞，也可能造成数百万美元的损失，并使碎片进入其他卫星和载人航天器（如国际空间站）的轨道。两颗卫星的碰撞事故，促使有关方面开始寻找相应的解决方案。

　　一种解决方案是，让世界上最大的4个卫星通信供应商，与可信赖的第三方，即美国AGI公司合作。该公司汇集了各卫星通信公司的轨道数据，能在卫星可能遇险时发出警告。不过，此项安排的前提条件是，所有卫星通信供应商

即使是不严重的碰撞，也可能造成数百万美元的损失，并使碎片进入其他卫星的轨道。

与第三方必须保持信任。而随着越来越多的经营者进入这一领域，把越来越多的卫星送入轨道，这种安排常常是很难甚至是不可能实现的。

现在专家认为，加密可能是一个更好的方案，依靠它就不用再考虑相互信任的问题了。20世纪80年代，科学家开发出了一些专门的算法，可以让许多人共用私密数据，计算一个函数，同时不会泄露半点秘密。2010年，美国国防部高级研究项目局组织了几个密码专家团队，运用此技术开发了针对卫星数据共享的安全多方计算协议（MPC）。

按照这个方法，每一位参与者可以把私有数据载入自己的软件中，然后软件再根据一个公开的MPC协议来回传送信息。协议保证参与者可以计算一个期望的输出（例如卫星碰撞的概率），但不能计算除此以外的任何东西。此外，由于协议的设计是公开的，任何参与者都可以编写自己的软件客户端，不需要各方彼此信任。

轨道数据加密保护存在的一个问题是速度。计算两颗卫星发生碰撞的概率属于复杂度很高的计算：如果不考虑安全问题，计算花费的时间可以毫秒计，而这些协议如果在商用硬件上执行则需要耗时90秒。不过，随着计算能力的提高，MPC协议的实用性将会越来越高。现在美国国防部高级研究项目局的工作即将圆满结束，概念验证版的算法已准备就绪。这些协议到2015年还没有人真正在实践中应用，不过密码专家正在物色尝试者。

太空撞车

撰文：约翰·马特森（John Matson）

翻译：蒋青

2009年2月，西伯利亚上空790千米的卫星轨道上，发生了一起太空"撞车"事故：俄罗斯的卫星与美国铱星通信公司的卫星相撞了。考虑到绕地轨道上的卫星数目，这起事故并不完全出人意料。在此以前的20多年间，已经发生过3起类似事件，但情况都不算严重，产生的碎片也极少。这次"撞车"却留下了上百块卫星残骸，有些碎片还向下飘移，降到了与国际空间站相同的轨道高度。尽管相撞概率很小，但这些碎片还是可能给国际空间站里的宇航员造成严重威胁。

光帆：
下一代航天器推进系统

撰文 | 许杰仁（Jeremy Hsu）
翻译 | 林清

太阳帆已经不再是科学幻想，科学家正在试图用太阳光作为动力，驱动航天器执行远程星际任务。

太空中没有加油站。为了把成本低、质量小的航天器送上太空执行远程任务，美国国家航空航天局和几家私人航天公司正尝试一些方法，将太阳能作为动力。这些方法包括使用太阳光光压驱动的"光帆"，以及下一代太阳能电力推进系统。一个名为"光帆2号"的私人资助的航天项目，希望将一个午餐盒大小的航天器发射到预定轨道，并展开一张约两个停车位大小的聚酯帆。一旦成功，这些技术很可能会用在美国国家航空航天局未来对火星及更远星球的探测项目上。

太阳帆并非科幻小说中的虚构之物。早在2010年，日本的"伊卡洛斯号"探测器就在执行飞往金星的星际任务时，验证了太阳帆这一概念。"光帆2号"试验由美国行星协会（世界上最大的非营利业余太空科学组织）资助，计划耗资545万美元。支持者认为，使用"光帆2号"的技术，不用推进剂，即可操控在地球轨道运行的低成本立方体卫星。"光帆2号"的表现还决定着美国国家航空航天局是否会在近地小行星侦察卫星上使用光帆技术。

莱斯·约翰逊（Les Johnson）是美国国家航空航天局马歇尔航天中心负责近地小行星侦察卫星发射任务的首席科学家。他认为："太阳帆的真正价值在于，它可为极小的航天器提供持续微小推力。"稳定的太阳光压，大小相当于

1英亩（约为4,047平方米）帆上不到1盎司（约为28克）的推力，足以让一个小型探测器逐渐加速前行。约翰逊解释说，通过调节反光角角度，可以实现对太阳帆姿态和航天器的控制。由于适用于长时间飞行，这项技术对于低成本、轻荷载的任务而言非常理想。近地小行星侦察卫星拟对一颗小行星开展的侦察任务就很适合使用这项技术。

"光帆2号"航天器（下图）会搭乘太空探索技术公司的猎鹰重型火箭升空。它会像"前辈"（左图）一样在抵达预定轨道后展开它的帆。

不过，当太阳光到达木星轨道附近时，光线会减弱，不足以驱动大多数以太阳帆为动力的飞行器。但约翰逊和美国国家航空航天局空间技术任务局的首席工程师杰弗里·希伊（Jeffrey Sheehy）都认为，这项技术有可能为星际任务铺平道路，研究人员可以用强大的激光代替太阳光，为宇宙飞船加速，从而达到光速的1/10甚至更快。一项名为"突破星击"的私人太空计划，希望能在未来30年内将这类航天器发射到距离地球最近的恒星系统——半人马座阿尔法星。

希伊认为，通过太阳能电力推进装置，阳光还能间接地驱动更大的无人或载人宇宙飞船。太阳能电池板可以为燃料推进器供电，帮助推进器将气体转化为等离子体羽流，驱动航天器。美国国家航空航天局招募了几家公司，如美国喷气发动机－火箭动力公司（全球领先的火箭推进系统制造商）和艾德·阿斯特拉火箭公司，以提升这些系统的输出功率。希伊说："现在，我们的太阳能电力推进系统只有几千瓦的电力。我们正在努力，以达到几十千瓦电力，并在此基础上，争取达到几百千瓦的输出功率。"

话题三

熟悉又陌生的
内太阳系

　　小行星带以内的太阳系，是人们最熟悉的宇宙空间。不过，随着越来越多的探测器的发射，人们发现内太阳系中那些再熟悉不过的天体和原来想象的并不一样。日冕为什么那么热？水星也有地质活动？火星上曾经有海洋？小行星或许是地球的生命之源？未来，这些内太阳系的天体还会带给人们更多的惊喜。

诡异的
太阳

撰文 | 约翰·马特森（John Matson）
翻译 | 王栋

对太阳上的"针状物"的研究可能有助于解释为何太阳外层大气的温度会高于较底层大气和太阳表面。针状物从太阳色球喷发而出，对上方日冕产生加热作用。这一加热机制仍有待进一步探究。

从上世纪40年代起，太阳物理学家就被一个问题所困扰：为什么离产生热量的太阳核心很远的太阳外层大气，温度却比较底层大气和太阳表面都要高？

对此，科学家提出了多种不同的解释——从声波或者磁力波在太阳上层大气（即日冕）中耗散而释放能量，到日冕中相互缠绕的磁场线发生重联时产生的、被称为"纳耀斑"的瞬时能量爆发。现在，新一代太阳观测卫星得到的观测数据暗示，可能还存在另一种加热机制：炽热的电离气体（即等离子体）不断冲向太阳上层大气，贡献了相当可观的日冕热量。

研究人员发现，在把日冕加热到上百万开的过程中，太阳上的"针状物"可能也起了一定的作用。这是一种持续时间很短，从太阳色球（也就是较底层大气）中向上喷发的等离子体"喷泉"。"针状物"的起源，从某种程度上来说还是一个谜。这些仅仅能持续100秒的喷泉，以每秒50～100千米的速度从色球中向上喷发。该研究的第一作者

针状物

针状物指太阳色球表面上的针状活动体。针状物可以从太阳色球一直延伸到日冕，是一种快速演化的喷流状结构，可以在日面边缘观测到。

巴特·德潘德约（Bart De Pontieu）打比方说，这个速度足以在几分钟内从旧金山飞到伦敦。德潘德约是位于美国加利福尼亚州帕洛阿尔托的洛克希德－马丁太阳与天体物理实验室的研究人员，他和同事的这一发现发表在《科学》杂志上。

他们研究的基础，是2010年发射的美国国家航空航天局新型"太阳动力学天文台"和2006年开始使用的日本"日出太阳卫星"的观测数据。这两个太阳观测卫星能以数秒一幅的速度拍摄高分辨率的太阳照片，这种快速观测方式对于识别和发现瞬间发生或者快速变化的现象是很有必要的。

研究人员发现，当温度高达数万开的针状物从色球升起时，会将上方日冕中的一些区域加热到100万～200万开。

研究人员还不知道是什么将色球中的等离子体以如

新太阳卫星亮相

撰文：约翰·马特森（John Matson）
翻译：谢懿

2010年4月，一颗全新的太阳卫星正式登台亮相，公布了第一批图像和视频。美国国家航空航天局2010年2月发射的"太阳动力学天文台"，几乎能够连续不断地发回1,600万像素的太阳图像，将太阳的辐射分解到不同的波长，追踪波在太阳表面传播，测量不断变化的太阳磁场。这里显示的照片，是2010年3月30日拍摄的太阳极紫外像。假色代表了不同的气体温度：红色代表温度相对较低（大约6万度）；蓝色和绿色代表温度较高（至少100万度）。

这个天文台能够提供非常全面的信息。科学家认为，它对于太阳物理学的重要性，相当于哈勃空间望远镜对于普通天体物理学的重要性。

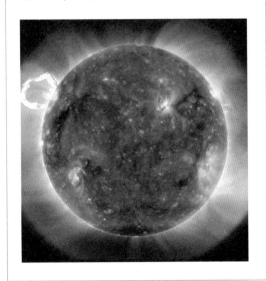

此高的速度向上抛射出去，也不清楚是什么将它们加热到了在日冕层中所能达到的极限温度。但是，针状物与日冕加热之间的联系，让我们看到了破解这桩已有70年历史的"悬案"的希望，英国伦敦大学学院的肯尼思·菲利普斯（Kenneth Phillips）评论。

美国国家航空航天局戈达德航天中心（位于马里兰州的格林贝尔特）的詹姆斯·克里姆丘克（James Klimchuk）说，虽然在太阳的一些特定区域中，针状物看起来确实是一种重要现象，但时间会告诉我们，在整个太阳的尺度上这些针状物能否按上述解释输送足够多的炽热等离子体使日冕达到超高的温度。他认为，这些新的观测结果确实"非常令人激动"，但他同时指出，自己的一些初步计算结果显示，针状物只提供了日冕中炽热等离子体中的一小部分，剩下很大一部分仍应来自其他更常规的日冕加热机制。德潘德约对此也持谨慎态度：还不能认为日冕温度这一困扰人们许久的谜题已被彻底解决。"我认为很有必要指出，虽然我们还没有弄清楚日冕加热的问题，但我们离最终答案又近了一步，"他说，"我们最终会弄清楚，这究竟是主要加热机制还仅仅是机制之一。"

中国古代文献
记录太阳活动

撰文 | 雷切尔·努尔（Rachel Nuwer）
翻译 | 蒋泱帅

中国古代文献先于科学记录描述了太阳活动。科学家正在解读这些古代文献，以期更好地了解太阳。

在伽利略于17世纪早期开辟现代天文学之前，关于太阳活动的记录基本上是一片空白——至少，科学家是这么认为的。为了了解更多有关这颗恒星的历史，日本京都大学的研究人员开始整理古代文献。至今，他们已经发现几十份明显与太阳黑子、极光，以及其他太阳活动相关的记录；这些数据记载的时间远早于17世纪，虽然这也意味着这些记载比伽利略的图纸需要人们更多的解读。

"尽管科学家可以利用冰芯（从冰川中取出的圆柱状冰体，可供科学家研究早期的气候变化）、树的年轮和沉积物，作为研究过去天气和气候变化的线索，但是像空间气象和极光这样的现象却基本无迹可寻，"美国国家航空航天局的空间等离子体物理学家布鲁斯·鹤谷（Bruce Tsurutani，未参与京都大学的这项研究）说，"所以，我们需要人类自己记录的信息。"

这支由京都的历史学家和天文学家组成的研究团队，分析了上百份来自中国唐代，以及日本、欧洲同时代（7～10世纪）的手稿。研究人员在文献中多次发现了关于"白虹"和"异虹"的描述。事实上，三个地区在同一时间都记录了这样的异象。相关研究结果，已经于2016年4月发表在了《日本天文学会欧文研究报告》（*Publications of the Astronomical Society of Japan*）的网页

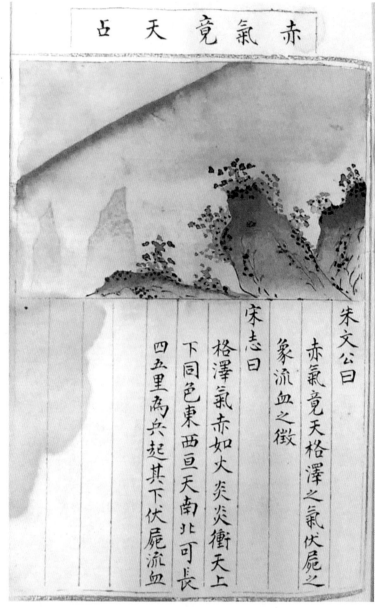

《天元玉历祥异赋》：这部古代中文手稿可能描述了极光现象。

版上。

论文的第一作者，就读于京都大学研究生院文学研究科的早川尚志（Hisashi Hayakawa）表示，因为地理位置相距如此远的人同时记录了这一现象，那这个现象只可能是极光。极光是由来自太阳的带电粒子与地球大气层中的粒子互相碰撞形成，通常会以环状形式出现在地球磁极上空。

该研究团队2015年还发表过一份详细的表单，列出了中国宋代（10～13世纪）的官方历史记载中最可能是在描述太阳黑子的内容。在宋代的官方记载中，古人将太阳黑子描绘成太阳上的李子、桃子和鸡蛋。研究人员总共找到了38处太阳黑子的相关描述、13处异虹或白虹的相关记录、193处其他类似极光现象的记录，并将这些内容编译到了具备搜索功能的在线开放式数据库中。

而论文的另一位作者、天文学家矶部洋明（Hiroaki Isobe）则表示，没有办法确定这些文献中记载的就是太阳的情况。解读古文是整项研究中最大的挑战，研究人员要根据被古代作者视为征兆的现象，推导出真实发生的自然事件。"对于海啸和地震的描述是很清楚的，但是历史学家很难判断'天空呈红色'所代表的意思。"早川解释说。京都大学的研究团队希望收集更多证据，并与其他国家的同行合作，以确认研究结果的正确性。

对太阳活动的长期记录最终能揭示太阳的活动模式。比如，科学家能了解到更多地球磁极移动的信息，以及移动所带来的影响——如果有影响，也是太阳磁场活动对地球气候所造成的影响。此类记录也能让科学家更好地理解太阳耀斑。太阳耀斑会影响人造卫星，造成断电，破坏通信。"要预知未来，必须先了解过去。"矶部说。

重访
水星

撰文 | 任文驹（Philip Yam）
翻译 | 王栋

在"水手10号"飞越水星30多年后，终于因为"信使号"对水星的探访，我们才看到了水星不为人知的一面：原来水星并不像月球那样一片死寂，在它内部也存在地质活动。"信使号"还发现了水星上卡路里盆地内部的"蜘蛛"状凹槽，这是人们以前未曾见过的独特结构。

从表面上看，布满撞击坑的水星很像月球。然而，近距拍摄的图像表明，两者之间有着很大的差别。2008年1月14日，美国国家航空航天局的"信使号"探测器第一次飞越这颗被太阳灼烤的行星时，发回了这些图像。上一次科学家们看到如此精细的图像，是通过1973年发射的"水手10号"探测器实现

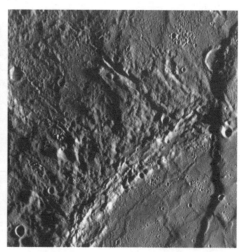

卡路里盆地是水星温度最高的区域。1974年"水手10号"在飞越水星时发现了这个盆地，但是当时只获得了盆地东半边影像，"信使号"则在2008年对盆地西半边进行了高分辨率成像。

的。与"前辈"相比，"信使号"拥有更先进的仪器设备，拍摄水星的角度也不同，所以它获得了新的观测资料。

利用探测器上配备的11组彩色滤镜，"信使号"的"眼睛"可以"看到"人类肉眼看不到的光波波段。它用3个不同的彩色滤镜拍摄的图像，被合成为一张假彩色照片（上页左图）。从图中我们可以看到年龄不超过5亿年的年轻环形山呈现出淡淡的蓝色。它还发现了许多新形成的悬崖，或者说断层，绵延达数百千米。另一张照片（其边长对应的真实长度为200千米）显示了其中一个陡峭的断层（上页右图）。这些悬崖也许是在水星内部冷却时形成的——星体冷却收缩，表面就会产生褶皱。

"信使号"探测器还确定了水星上卡路里盆地的大小。这个巨大的撞击坑直径约1,500千米，几乎是水星直径的1/3，比过去科学家们估计的直径还多出200千米，从而跻身太阳系中最大撞击坑的行列。在这个盆地内部，"信使号"还发现了当年"水手10号"没能观测到的一种独特结构，科学家们称之为"蜘蛛"。它由许多个从某个中心向外辐射的凹槽构成，这也许表明这一地区的盆地底部在盆地形成后又裂开了。

2008年10月和2009年9月，"信使号"探测器又先后2次造访了水星。2011年3月它进入了环水星轨道。此后它继续拍照，用激光测绘了水星地形，同时对这颗行星的磁层进行了探测。

"信使号"探测器的水星之旅

　　"信使号"探测器发射于2004年8月3日。到2009年，它共3次飞掠水星。在2011年3月18日它成功进入水星轨道，成为了首颗围绕水星运行的探测器。之前，在1973年发射的"水手10号"探测器执行的是行星飞越任务，因此只能观察到半个水星，而"信使号"执行的是环绕行星轨道的任务，因此可以探测整个水星表面。

　　在我们对水星的了解上，"信使号"探测器功不可没。探测期间，"信使号"捕获到大量水星表面的影像信息，其中一幅照片上的陨坑群的形状酷似米老鼠。此外，"信使号"还揭示了水星的5个秘密。第一，水星的南极和北极拥有不对称的磁场。第二，水星与太阳之间的距离对水星的钙、镁和钠的含量有重大影响。第三，水星的两极存在冰和有机物。第四，水星的核心由铁组成，其中一部分是液态。第五，水星表面的硫含量非常高。

水星有
水冰

撰文 ┃ 约翰·马特森（John Matson）
翻译 ┃ 高瑞雪

昼夜温差极大的水星上，可能有水存在吗？对水星的新探测似乎给出了肯定的答案——在那样严酷的环境下竟然可能存在水，而水星的极地陨石坑则可能是冰沉积物的藏身之处。

水星是距离太阳最近的行星，那是一个极端的世界。白天，水星赤道附近的气温可以飙升到400℃，在那样的高温下，连铅都会熔化。然而，当白昼过去，夜晚来临，水星表面的温度又会猛跌到－150℃以下。

尽管如此，这个极端世界里还是有一些地方气温略微稳定。在水星的极地陨石坑内，由于坑口阴影的遮挡，有些区域终年不见天日。那里的温度在整个"水星日"里都是很低的。长期以来一直存在这样的假设：水星在太阳的眼皮底下，把几袋子冰塞到阴暗的陨石坑里藏了起来。2012年3月的年度月球与行星科学大会公布了美国国家航空航天局"信使号"水星探测器新传回的数据，数据证明这个假设是正确的。

2011年，"信使号"进入水星轨道，开始以前所未有的精度对这颗太阳系最内侧的行星进行测绘。通过"信使号"探测得到的极地陨石坑地图，与以前通过地球雷达得到的水星极地图像精确吻合。地球雷达得到的图像上显示出了不规则的亮点，即一些小块区域的无线电波反射远高于四周，就像那里有冰存在似的。

但雷达热点还标示出了一些小陨石坑，以及在低纬度地区的陨石坑。这些

风化层

风化层指地表岩石经风化后的残积物形成的堆积层。风化层在月球、水星、小行星、彗星等天体中都可找到。

陨石坑的底部温度可能不太适宜冰的存在。在这里，冰沉积物可能会需要一层薄薄的"隔热毯"，也许是一层由细微颗粒组成的表层介质或风化层，从而使冰不会升华。

事实上，"信使号"的数据似乎证实了，在陨石坑内，确实有些隔热物质覆盖着冰。由于覆盖着含有机化合物的深色风化层，陨石坑阴影处的温度恰好可以存在冰沉积物，美国加利福尼亚大学洛杉矶分校的戴维·佩奇（David Paige）解释道。

佩奇说，从现在的证据来看，那些亮点的主要成分，明显就是水冰。

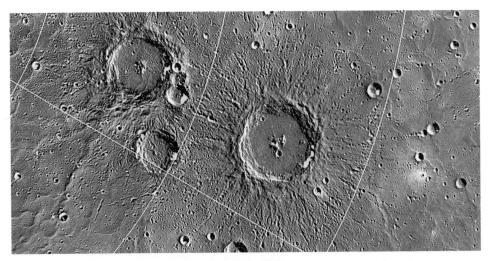

"信使号"测绘的水星陨石坑。黄色标示出的雷达亮点可能标志着冰沉积物的存在。

湿润的火星
有点 "酸"

撰文 | 萨拉·辛普森 (Sarah Simpson)
翻译 | 刘鑫华

如今的火星一片荒凉，红色的表面沙石裸露，死寂一片。但谁能想到，在10亿年前甚至更早之前，火星却是一个湿润的星球。那时候温室气体包裹着火星，由此产生的温室效应造就了火星潮湿的环境。科学家们猜想，除了二氧化碳，二氧化硫也曾"现身"火星大气，为温室效应推波助澜。

在火星上，由潮湿环境留下的痕迹比比皆是：冲刷形成的深河谷、辽阔的三角洲，还有广泛分布的海洋蒸发残迹。这些线索让许多专家深信，在10亿年甚至更早之前，这颗红色星球的大部分地区曾经被液态水覆盖。不过，科学家的大部分努力都是为了解释，曾经宜人的火星气候为何会变得如此干燥。今天的火星寒冷而干燥，如果过去真的存在湿润气候，火星就必须拥有一个能够有效产生温室效应的大气来维持这一气候。火山喷发可能会形成厚厚一层二氧化碳吸热层，把年轻的火星紧紧包裹起来，但是火星气候变化模型一次又一次表明，仅凭二氧化碳的升温作用，还不足以让火星表面的温度维持在冰点以上。

今天的火星土壤中普遍含有硫化物，受到这一惊人发现的启迪，科学家们开始猜想，过去的火星大气中除了二氧化碳，也许还存在另外一种温室气体——二氧化硫。

与二氧化碳类似，二氧化硫也是火山喷发时经常释放的一种气体，而在火星仍然年轻的时候，火山喷发非常频繁。美国哈佛大学的地球化学家丹尼尔·施拉格（Daniel P. Schrag）解释，早期的火星大气中，只要存在万分之一

被火星探测车的车轮翻起的土壤中存在含硫矿物（白色），它们只能在有水的环境中形成。

甚至十万分之一的二氧化硫，就可以助温室效应一臂之力，让这颗红色行星保持湿润。

这样的浓度听起来似乎不高，但是对于许多气体来讲，即使要在大气中维持很低的浓度也非常困难。在地球上，二氧化硫只要进入大气，几乎立刻就会和氧气结合形成硫酸盐，不能造成显著的长期增温效应。不过，早期火星大气中可能根本没有氧气，因此二氧化硫在大气中停留的时间应该要长得多。

施拉格说："如果把大气中的氧气全部拿走，这将是个影响深远的变化，整个大气的运转都会有明显的不同。"按照施拉格及其同事的说法，这种差异还暗示，二氧化硫在火星水循环中扮演着重要角色——这也就解决了火星上的另一道气候难题：石灰岩等碳酸盐岩的缺乏。

施拉格领导的课题组认为，在早期的火星上，大部分二氧化硫都会和大气中的水滴结合，以硫酸雨的形式落到火星表面，而不像地球上那样直接转化为硫酸盐。酸雨应该会抑制火星上石灰岩和其他碳酸盐岩的形成。

在地球上，富含二氧化碳的潮湿大气会自然形成碳酸盐岩，因此研究人员曾经推测，火星上也应该到处都有碳酸盐岩。在数百万年的时间里，这种岩石形成过程会把早期火山喷出的绝大部分二氧化碳束缚起来，从而阻碍了二氧化碳在大气中的积累。二氧化硫可以抑制早期火星上的这种二氧化碳束缚过程，迫使更多二氧化碳逗留在大气之中——施拉格指出，这是二氧化硫增强温室效应的另一种方法。

一些科学家质疑，二氧化硫是不是真的能够胜任改变气候的重任。美国宾夕法尼亚州立大学的大气化学家詹姆斯·卡斯廷（James F. Kasting）指出，就算大气中没有氧气，二氧化硫也极不稳定，那么阳光中的紫外线辐射就能轻易分解二氧化硫分子。地球早期气候经常被用来与火星早期进行比较，在卡斯廷

寻找亚硫酸盐

如果二氧化硫使早期火星保持温暖，就像这个新假说所猜测的那样，一种被称为亚硫酸盐的矿物，就会在长期存在地表水的地方形成。目前，火星上还没有发现亚硫酸盐，也许这是因为没有人去寻找它们。"好奇号"火星探测车，配备了精良的装备来搜寻这种矿物。这辆探测车是第一个携带X射线衍射仪着陆火星的探测器。这台设备可以扫描并辨认探测车遇到的任何矿物的晶体结构。

为地球早期气候建立的计算机模型中，阳光分解二氧化硫的过程使这种气体的浓度只能达到施拉格及其同事描述量的千分之一。卡斯廷说："也许某些方法可以让他们的想法具有可行性，但必须先建立一个详尽的气候模型，才能说服我和其他持怀疑态度的人相信他们的观点。"

施拉格承认具体细节还不清楚，但他引用了其他研究人员的估算结果——早期火星上的火山可能喷发了足够的二氧化硫，从而抵消了它们的光化分解。更早的研究也表明，浓厚的二氧化碳大气能够有效散射大部分破坏性的紫外线辐射——这是早期火星上二氧化碳和二氧化硫之间相互助益的又一个明显例证。

卡斯廷认为二氧化硫对气候的反馈，不能让早期火星和地球一样温暖。不过他也承认，二氧化硫的浓度有可能达到某种程度，足以使火星的部分表面解冻，甚至产生降水，冲刷出河谷。

施拉格没有反驳这种观点。他认为："早期火星上到底是覆盖着一大片海洋，还是散布着一些湖泊，甚至仅仅存在少量池塘，对我们的假设都不会有什么影响。温暖并不意味着要像亚马孙河流域那样湿热，只要像冰岛一样'温暖'，就足以在火星上形成那些河谷了。"就二氧化硫的量而言，只要一丁点儿就行了。

火星
曾经沧海

撰文 | 约翰·马特森（John Matson）

翻译 | 王栋

也许火星北半球曾经被海洋覆盖？这个想法不是天方夜谭，已经有越来越多的证据来支持它了。雷达探测器"听到了"来自火星表面的回波，结果表明火星北部表面存在含冰的沉积物，这为火星曾有海洋的说法提供了支持。

长期以来，在许多行星科学家眼里，火星北半球的表面不管怎么看，都像是曾经覆盖着海洋。而现在，连"听起来"也像是这样了。

一部装备有探地雷达的欧洲太空探测器，确定了火星北极地区疑似沉积物的成分，该雷达可以发射并接收从火星表面反射回来的电磁波，从而研究火星表面的构成。根据2012年1月发表于《地球物理通讯》（*Geophysical Research Letters*）的一项研究，这些或许包含着冰的沉积物表明，在大约30亿年以前，那里曾经是一片浅海。

这项最新研究分析了欧洲空间局"火星快车"探测器携带的次表层探测雷达高度仪（MARSIS）获得的一系列探测结果。从2003年起，该探测器就一直在环绕火星的轨道上工作。

"我们为整个星球绘制了表面反射波强度图。"该研究的主要参与者、美国加利福尼亚大学欧文分校的地球物理学家热雷米·米格诺特（Jérémie

沉积平原

沉积平原是在沉积作用下形成的平原。沉积作用是某些物质被运动介质搬运到适宜场所后，发生沉淀、堆积的过程，风力、水力和冰川的运动均可能成为运动介质。

火成平原

火成平原是在火成作用下形成的平原。火成作用包活岩浆侵入地壳上部，冷却、结晶的过程，以及岩浆冷却过程中水蒸气液化为热水溶液的过程。火成作用可产生多种矿物质。

Mouginot）说。北部荒原构造区是火星北极附近一个地质沉淀区，很久以来，科学家一直怀疑这里最初是一个沉积平原。MARSIS的探测结果表明，该区域的雷达反射率很低——如果这里是由火山活动形成的话，反射率应该会高些。

在此之前，美国国家航空航天局的火星勘测轨道飞行器也用探测雷达探测过这个地区，得到的结果也与米格诺特的上述解释相吻合。这部探测器的浅层次表层结构雷达（SHARAD）得到的结果说明，北部荒原构造区实际上是由一层沉积层覆盖着的火成平原。

根据"火星快车"确定的沉积层面积来估算，海洋曾经覆盖了火星北部平原的广大区域，尽管持续的时间不是很长。大约30亿年以前，火星上应该有足够强烈的地热活动使地下水保持液态，形成并维持一片浅浅的海洋，海洋的深度或许可达100米。米格诺特还补充，在那之前，更古老的海洋或许也曾存在过。"我认为这次

这是现在的火星表面。根据"火星快车"收集到的信息，火星表面曾经存在过海洋。

所发现的应该是一种覆盖了北部平原的、类似于洪水泛滥的短期事件。"米格诺特说。但是，以地质学的时间尺度来看，当时的环境对于长期维持这样一个大型水体来说太过寒冷、干燥了。在差不多100万年之内，这片海洋就再次被冰冻起来并埋于地表以下，或者变成水蒸气而消失不见了。

对长久以来存在的，认为火星北极地区曾经有过辽阔海洋的理论来说，新的雷达探测数据只是为其提供了支持，仍然算不上铁证。"海洋假说要经过证明而成为一个科学理论，仍需时日。因为今天，海洋可以说已经被埋在地下（而消失了）。"美国夏威夷大学马诺分校天文研究所的行星科学家诺伯特·舍尔格霍费尔（Norbert Schörghofer）说。并且，人们总是想知道，对于这些雷达反射波数据是否还有其他解释。因为相对来说，雷达探测的针对性并不强，得到的结果中有些数据也可能来自其他探测目标。但不管怎样，舍尔格霍费尔表示："这是火星曾有海洋的又一个证据，我开始相信它了。"

火星的地下冰川

撰文：约翰·马特森（John Matson）

翻译：刘旸

早在2009年，火星勘测轨道飞行器上的探地雷达就显示，在火星地表岩屑的薄层下，隐藏着大量冰川。测量地点在火星南纬30～60度之间，目前该地区的情况并不利于冰的形成，因此冰川可能是在气候不同于今日的久远年代形成的。岩屑的覆盖保护了冰层，以免它们升华为水蒸气而消散。这些冰川可能是火星上除极地外最大的水储备。

"好奇号"上的
日晷故事

撰文 | 格伦登·梅洛（Glendon Mellow）

翻译 | 红猪

飞向火星的"好奇号"装载着人们的梦想，也充满了艺术气息。它携带的日晷就是一件艺术品。日晷上面有用多种文字书写的"火星"，这些文字种类多达16种，其中甚至包括了古代的苏美尔文和因纽特文。当然，这个手绘日晷更重要的作用是协助"好奇号"校正相机色彩。

对于数百万梦想在红色行星上发现点什么的人来说，"机遇号"和"勇气号"火星探测车代表了乐观、希望，甚至可爱的品质。

这样看来，最新一部火星探测车"好奇号"上载个日晷（根据太阳位置来测量时间的一种设备），并附上经典儿童文学作品里的那种致辞和插图，这是多么合适。"好奇号"于2011年11月26日搭乘"大力神5号"火箭升空，于2012年8月登陆火星。

这个日晷还将作为参考，帮助"好奇号"校正桅杆相机的色彩。有了它的帮助，相机就能捕捉火星的地貌了。这些拍下的图像将会分多次从火星传回地球。通过"好奇号"学生们还可以了解，在一颗大气色彩与地球不同的行星表面，如何确定时间、日期、季节和海拔。"好奇号"将一直留在火星上，为将来的太空旅行者提供便利。

苏美尔文

苏美尔文是迄今所知两河流域南部最早的文字。苏美尔文的字迹成楔形，因此又被称为"楔形文字"，这种"楔形文字"后来传播到了整个西亚。

日晷上的信息和图画里，包含着用16种文字写成的"火星"。这些文字包括古代的苏美尔文和因纽特文，在日晷的边缘可以找到它们。

这项创意的幕后策划是艺术家乔恩·隆贝格（Jon Lomberg），他曾是卡尔·萨根（Carl Sagan）的同事，也是萨根最喜欢的艺术家。隆贝格已有5件作品登上了火星，其中包括由他讲解、2007年搭乘"凤凰号"登陆舱升空的DVD《火星印象》（*Visions of Mars*）。"好奇号"上的日晷就是这些作品中的第5件。

就像以前的那几辆火星车一样，或许有一天，"好奇号"也会成为传奇，载入故事书里。

探访"好奇号"火星车

让儿童和青少年为火星车命名是美国国家航空航天局的惯例。与"勇气号"和"机遇号"一样，原名"火星科学实验室"的火星车，有了新名字"好奇号"。这个名字也来自于一名学生——12岁的华裔女孩马天琪。

"好奇号"由核动力驱动，使命是探寻火星上的生命元素。"好奇号"上有着许多高新技术设备，其中包括能拍摄高解析度照片和视频的相机、机械手臂、化学样本分析仪、辐射探测器、环境监测器等等。

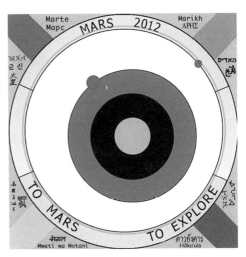

"好奇号"上面携带的日晷，既是一件艺术品，同时也具有实用功能：帮助"好奇号"校正桅杆相机的色彩。

火星上的
"河流"

撰文 | 凯莱布·沙夫（Caleb Scharf）
翻译 | 徐愚

　　"好奇号"登陆火星让我们有机会一睹火星地貌。那是一片干旱的土地，好似地球上的荒漠。不过"好奇号"还发现了火星上曾经存在水的证据。

　　与在太空轨道中遥望火星相比，"好奇号"火星探测车的登陆让我们观察到火星上更多的细节图景。

　　"好奇号"着陆于盖尔陨石坑。早期火星轨道探测器拍摄的盖尔陨石坑卫星图像显示，这里存在一块形状类似"冲积扇"的区域，这意味着曾有河水流经并冲击了盖尔陨石坑底部。

　　2012年9月，在"好奇号"传回的火星图像中有一块突出地表的岩层。这块岩层呈向上倾斜状，由细碎卵石和沙砾混合而成，它被认为是火星上的古代河床。细碎卵石可能来自数百米高的陨石坑边缘，从卵石的大小、稍显圆润的形状及其所处位置来推断，这些细碎卵石曾在河水中被冲刷打磨，水深约在脚踝至腰部之间。

　　这是一个惊人的发现。科学家一直认为，水是形成这种地形最可能的原因。目前来看，这里以前的确有水流过，并在火星表面留下了沙砾混合的层状岩石。虽然盖尔陨石坑如今的干涸程度或许更甚于地球上最干旱的沙漠，但许久以前，这里也曾流水汨汨，波光粼粼。

被"娇惯"的
火星

撰文 | **内森·科林斯**（Nathan Collins）
翻译 | **王栋**

研究人员认为，是时候为火星探索"松绑"了。不过，要想研究外星生命，就还得小心地球上的生命入侵。

人类需要保护火星免受地球微生物的入侵吗？传统观点认为有必要，而且太空法也是这么规定的——联合国外层空间条约规定，禁止地球微生物对可能适于它们生存的星球造成污染。然而，一些研究人员对此持有不同意见。他们认为，火星能照顾好自己，而且现行的严格保护措施阻碍了科学家去探索这颗红色星球。对试图寻找生命的探测任务来说，其花费"很容易就会因行星保护程序而翻倍"，美国康奈尔大学太空生物专家阿尔伯托·法伦（Alberto G. Fairén）介绍。

在近期的《自然·地球科学》（*Nature Geoscience*）杂志上，法伦和美国华盛顿州立大学的德克·舒尔茨－马库赫（Dirk Schulze-Makuch）指出，不值得花费如此多的精力和资金去保护火星。要知道，有些地球细菌很可能已经通过一些其他方式到达火星了，例如借助于远古小行星撞击地球产生的碎片，或者"搭乘"美国国家航空航天局发射的"海盗号"火星探测器。此外，如果火星上本来就存在生命形态的话，它们也能轻而易举地消灭掉还未来得及适应新环境的入侵微生物。

然而，美国国家航空航天局改变保护方针的可能性很小。如果想要研究外星生命，就得保证不把地球上的生命带过去，否则，研究人员就有可能把这些

来自地球的"偷渡者"错当成外星生命，美国国家航空航天局的行星保护专员凯瑟琳·康利（Catharine Conley）解释。

康利的上一任，前美国国家航空航天局行星保护专员约翰·拉梅尔（John Rummel）说，模拟和实验都显示，地球细菌实际上能在火星生存。他还补充："我们并不完全清楚地球上微生物的潜力究竟有多大。"

来自太空的
潮湿岩石

撰文 ｜ 约翰·马特森（John Matson）
翻译 ｜ 谢懿

水是生命之源，地球上生命的出现离不开水。那么在地球形成的时候，是谁把水带到这个星球的呢？一种观点认为，小行星可能是地球上水的来源之一。小行星表面水冰的发现，支持了这一观点。

一颗在火星和木星之间绕太阳转动的小行星，其表面拥有水冰和有机化合物——这些成分是首次在小行星上被发现。过去，这些特征一直与来自太阳系更寒冷、更偏远地带的彗星联系在一起。这一发现支持了这样一种观点：早期地球海洋中的水，以及生命诞生所必需的前生命化合物，可能都来自小行星。

在2010年4月29日出版的《自然》杂志上，两个小组报告了他们对直径200千米的第24号小行星司理星的最新观测结果。他们都观察到了一种红外吸收特征，预示着小行星表面有薄薄的一层霜冻，还有一些未知的有机化合物。美国国家航空航天局艾姆斯研究中心的行星科学家戴尔·克鲁克香克（Dale Cruikshank）说："包括我在内的许多人在太阳系中追寻已久的东西终于被他们找到了。"

司理星会引起关注，部分原因是它的轨道和所谓的主带彗星相似——这表明它们很可能来自同一母体。主带彗星位于小行星带中，却

主带彗星

主带彗星是位于小行星带中的天体，它们的离心率和轨道倾角与小行星相似。但主带彗星并不是一般意义上的彗星，之所以用彗星给它命名，是因为一些主带彗星在接近近日点时会出现彗尾。

司理星小资料

　　1853年4月5日，司理星被意大利天文学家安尼巴莱·德加斯帕里斯（Annibale de Gasparis）发现。此后，人们以希腊神话中秩序和正义之神的名字为其命名。司理星是人类发现的第24颗小行星，在主带小行星中是较大的一颗。近年来，科学家使用红外线望远镜证实司理星的表面有水冰存在。与此同时，科学家还检测到司理星上存在着有机化合物。

拖着一条彗星一样的彗尾，科学家认为这是水冰升华之后形成的。克鲁克香克说，这些新发现的主带彗星，现在还要算上司理星，都是非常有趣的天体，有可能是地球海洋的来源之一。

　　美国佛罗里达中部大学的天文学家、这项研究的合作者温贝托·坎平斯（Humberto Campins）表示，其他小行星可能也含有水冰。"也有可能司理星是独一无二的，"坎平斯说，"只是我们还不知道。"

岩石里的冰：艺术家笔下的第24号小行星司理星和两个较小的天体，其中之一是位于小行星带中的一颗彗星。观测预示司理星上存在水冰，支持了小行星给地球海洋带来海水的观点。

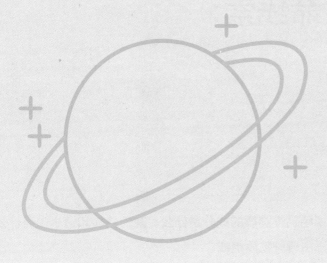

话题四
太阳系中的
多彩乐园

　　人们已经开始对小行星带以外的太阳系展开探索。在那里，人们发现了一个多彩的天体乐园：木卫二上有喷泉，土卫二上起烟雾，土卫六上有湖泊。还有更遥远的矮行星、来自奥尔特云的彗星、小行星，它们都等待着人们进一步去探索。

外星生命线索：
木卫二上的褐色黏质

撰文 | 李·比林斯（Lee Billings）
翻译 | 马骁骁

如果我们能弄清楚褐色黏性物质的成分是什么，我们就能知道水中有什么成分，以及木卫二的海洋由哪些物质组成。

木卫二表面的冰层之下很可能有外星生命存在，而这颗冰球还有另一个谜团。人们可以直接看到与这个谜团相关的物质——填满了行星表面沟壑、裂缝，以及大坑的那些"褐色黏质"。

美国国家航空航天局的柯特·尼布尔（Curt Niebur）在2015年的一次会议上介绍："我们目前将该物质称为褐色黏质。"他还解释说，这种未知物质很可能是由木卫二地表以下的水流涌出冰层时带出来的。他说："如果我们能弄清楚褐色黏质的成分是什么，我们就能知道水中有什么成分，以及木卫二的海洋由哪些物质组成。"这些信息对于判断该卫星是否存在生命非常重要。

凯文·汉德（Kevin Hand）和罗伯特·卡尔森（Robert W. Carlson）是美国国家航空航天局的两位行星科学家，他们认为褐色黏质可能就是海盐。和地球的海洋中含有盐分一样，木卫二上也有海盐，只不过这些海盐是由辐射烤出来的。该结论源于他们在实验室做的模拟实验。他们设置了一个超低温真空室，并用电子束照射它，以此来模拟木卫二的严苛环境。该设备被称为"罐头里的木卫二"。在真空室内，食盐样本渐渐变成了棕黄色，而且其光谱特性和木卫二上的褐色黏质非常相似。该研究已发表于2015年5月份的《地球物理通讯》杂志上。

木卫二有着纵横交错的褐色沟壑。

　　假如黏性物质确实就是被辐射过的海盐，那么这暗示着木卫二表面下的海洋和地球海洋一样，可以直接接触到岩石，也就是说海洋内可能含有足够孕育生命的矿物质。试验中，海盐在极端环境下暴露的时间越长颜色便越深。因此，科学家未来可能会直接定位于颜色较浅的黏性物质处，研究地下海洋的涌出物。美国国家航空航天局会在不远的将来开展此类探测——他们已经宣布将在下一个十年对木卫二进行探测。

太阳系多处
存在液态水

撰文 | 香农·霍尔（Shannon Hall）
翻译 | 马骁骁

土卫二、木卫三等多个天体上的含水量比地球总水量的50倍还多。

2015年早些时候，天文学家在土星卫星土卫二的断层中发现了水蒸气喷射流和冰粒。这说明该卫星冰层下存在液态水，证实了科学家长久以来的猜测。很快，另一个研究团队在木星最大的卫星木卫三上又发现了地下海洋存在的迹象。2016年，美国国家航空航天局也发表了迄今为止最可信的火星上存在液态水的证据。现在看上去太阳系中到处都存在着液态水，而这可是生命存在的最重要条件之一。光是已确认的这些海洋中的含水量就比地球上总水量的50倍还多，而这个数字可能还会进一步增大。

地球上的总水量：
13亿立方千米

不同卫星上估测水量与地球总水量之比：
→

木卫二
1~3倍

土卫六
13倍

木卫四
12~14倍

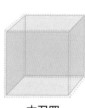

木卫二上真的
有喷泉？

撰文 | **李·比林斯**（Lee Billings）
翻译 | **李想**

木卫二上疑似有"喷泉"从厚厚冰层下喷出，这意味着科学家不必钻穿厚度未知的冰层，就能分析这片海洋的有机化学成分，甚至探测其中的生命迹象了。

《天体物理学杂志》（*The Astrophysical Journal*）上的一项最新研究表明，木卫二上被冰层覆盖的海洋似乎在间歇性地向外喷发水蒸气。这意味着，潜藏在近10万米的厚冰层下的木卫二海洋，可能比之前预想的更适于孕育生命。对天体生物学家来说，他们也更容易开展相关研究了。

"如果木卫二上真有喷涌出的水蒸气，那就非同小可了。这意味着科学家不必钻穿厚度未知的冰层，就能分析这片海洋的有机化学成分，甚至探测其中的生命迹象了。"这项研究的领导者、任职于美国太空望远镜科学研究所的威廉·斯帕克斯（William Sparks）说。

这些水蒸气还暗示，木卫二表层下可能存在一个能维持生命活动的热源。

2013年末至2015年初，斯帕克斯的研究小组在木卫二经过木星表面时，借助哈勃空间望远镜的成像摄谱仪进行了10次天文观测。在紫外线下，木卫二的冰层呈暗色，研究人员可以借此从木星亮白柔和的云层图中寻找水蒸气柱的轮廓。经过大量的图像处理，在木卫二暗区的南端边线上似乎可以看到3处紫外谱的阴影。如果这些阴影的确是水蒸气柱而非哈勃空间望远镜的仪器故障所为，那么总计约有上千吨的水喷射到了距木卫二表面近200千米高的地方。

斯帕克斯坦言，他们小组的观测结果存在不尽如人意的地方。"这些观测结果已经达到了哈勃空间望远镜的极限，"他说，"我们并不是宣称已经证实了水蒸气柱的存在，只是提供了它们可能存在的迹象。"

2014年《科学》杂志上也报道了这类水蒸气柱的存在，但后续的观测又显示喷发似乎已经停止，或从未有过。"就这一点来看，新的观测与之前的结果相符。"佐治亚理工学院的行星科学家布里特妮·施密特（Britney Schmidt，未参与此项研究）说。

这样的谨慎是合理的，木卫二上是否存在水蒸气柱，将在很大程度上影响行星际探索的未来，包括为新探索任务所准备的数十亿美元的去向。

美国国家航空航天局和欧洲空间局已经计划在2020年前后向这颗诱人的木星卫星进发了。

土卫二

冒烟了

撰文 | 乔治·马瑟 (George Musser)

翻译 | 虞骏

没有人知道直径仅有500千米的土卫二为什么会冒烟，或者说，为什么看起来没什么能量的土卫二上面还有活火山。也许这种神秘的现象正是土卫二的魅力所在。

土星的卫星土卫二，渐渐成为了"卡西尼号"探测任务中的明星。2005年的观测曾经显示，缕缕水蒸气和尘埃高悬在这颗卫星的南半球上空，滋生出一个稀薄的大气层，还产生出一条土星光环。2006年，"卡西尼号"的相机已经将这些喷发出的烟雾拍了个现形。它们似乎是从"虎纹"中喷发出来的。这些被称为"虎纹"的平行裂纹在红外图像中明显发亮，那正是散热的信号。土卫二因此成为了太阳系中第四个已知拥有活火山的天体——前三个是地球、木星的卫星木卫一和海王星的卫星海卫一。没人敢断言是什么驱动了它的地质活动，并造成了如此严重的南北不对称性。因为土卫二非常小，直径仅有500千

> ### "卡西尼号"
>
> "卡西尼号"土星探测器以天文学家乔瓦尼·卡西尼 (Giovanni Cassini) 的名字命名。它于1997年10月发射升空，2004年7月进入土星轨道。其主要任务是对土星及其大气、光环、卫星和磁场进行深入考察。

土卫二喷出了烟雾。照片经过了色彩增强，以突显出轮廓。

米，来自地底深处的热量应该在很久以前就已经散发干净了，而潮汐力似乎也无法单独完成这项任务。2008年3月，当"卡西尼号"再一次近距离飞越土卫二时，它提供了更多的细节照片。

土卫二
有生命吗？

撰文 | 蔡宙（Charles Q. Choi）
翻译 | 阿沙

人们已经知道土卫二喷射出的物质含冰，这更增添了这颗星星的神秘色彩，也让我们对它有了更多期待。"卡西尼号"及后续的探测器将有可能发现土卫二的秘密，或许到那时候我们就知道它上面是不是有生命了。

在土卫二南极点喷发出的"冰间歇泉"，暗示着极地下面很可能存在一个地下海洋。2005年，"卡西尼号"土星探测器在3次飞越土卫二时，侦测到一股冰粒和尘埃的喷发，那是从南极裂缝处喷射出的、高达几千千米的、包裹了整个星球表面的"冰喷泉"。喷出的大部分冰粒和尘埃已经回落，像白雪一样覆盖在已经支离破碎成房间大小的巨型冰块的冰原表面。其余冰尘，则逃逸出土卫二自身的引力范围——很明显，它们最终会归入位于土星光环最外侧的、直径30万千米的蓝色E环。科学家们推断，与美国黄石国家公园里的间歇泉老实泉一样，土卫二的间歇泉主要由地下

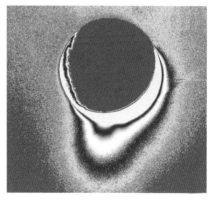

土卫二喷发出的间歇泉，看起来很像是"卡西尼号"拍照时颜色出了问题。

间歇泉

间歇泉是一种很特殊的泉，是由于地壳深处的热量推动，使泉水喷发，间歇性地涌出地表而形成的。

深处的热量推动。土卫二内部使间歇泉得以喷发的热量，可能是移动的、冰川状的构造板块和潮汐力共同作用的结果。这种运动，暗示了地表冰层以下约10米或者更浅处有一个液态海洋。科学家们在2006年3月10日的《科学》上发表论文，推测这个地下海甚至可能孕育着生命。

冰封的世界——土卫二

土星的第六大卫星土卫二，是一个被冰覆盖的卫星。它的表面较为光滑。因为几乎能百分之百地反射太阳光，所以它看起来非常明亮。这个体积不太大的土卫二，表面却有槽沟、悬崖和山脊等多种地质构造。这表明土卫二并不是一颗死气沉沉的星球，它很可能还存在着地质活动。但想要从理论上解释清楚这些地质活动却很难。直到"卡西尼号"土星探测器发射并对土卫二进行观测后，谜一样的土卫二才慢慢揭开了它神秘的面纱：土卫二至今仍存在地质活动，而且还有喷射冰的间歇泉存在，这也为外星生命探索提供了线索。

土卫六的
甲烷湖

撰文 | 戴维·别洛（David Biello）
翻译 | 张博

"卡西尼号"土星探测器发现，土卫六的表面上分布着大大小小的湖泊。不过，这些湖泊里可没有水，里面全是液态甲烷。

土星的神秘卫星——土卫六（泰坦）上，笼罩着一层浓厚的烟雾。根据这些烟雾研究人员猜测，土卫六的表面应该存在液态甲烷，但探测器一直没有发现它的踪迹。"卡西尼号"土星探测器通过2006年进行的雷达成像观测，终于在土卫六的北极附近，发现了75个类似湖泊的区域，有些区域宽达70千米。科学家相信，这些区域是被液体填充的洼地，因为那里的温度（－179℃）和压强（1.5倍地球大气压）适合甲烷及乙烷以液态的形式

在经过电脑着色处理的"卡西尼号"土星探测器拍回的雷达图像上，可以看到土卫六表面点缀着甲烷湖泊。

长期存在。这些湖泊中的"水"，可能来自储藏于地下的液体，也可能来自蒸发之后又以烃雨的形式落回地表的"雨水"。这一发现是2007年1月4日的《自然》杂志公布的。

未来的生命乐土——土卫六

土卫六是众多科幻电影和科幻小说中的明星，而它之所以令人着迷，并不只是因为它是已知的土星卫星中最大的一颗，更是因为它与地球有很多相同之处。和地球一样，土卫六也被浓厚的大气层包围着，而且它的大气层主要由氮气组成。浓厚的大气对观测造成了困难，但这也激起了人们的好奇心。在"卡西尼号"发射之前，人们就了解到它上面可能存在湖泊，也会下雨。这引起了人们的猜想：土卫六极有可能存在生命。而"卡西尼号"的探测让人们对土卫六有了更为清晰的认识，也引发了更多关于生命存在与否的争论。虽然有关土卫六上生命的探讨尚无定论，但有科学家相信：再过几十亿年，那里将成为生命的乐土。

土卫六上
有波浪

撰文 | 克拉拉·莫斯科维茨 (Clara Moskowitz)
翻译 | 王栋

在土卫六上发现的波浪表明，这个星球上存在液态甲烷湖泊，这有可能是另一种生命形式的"摇篮"。

土星最大的卫星土卫六（泰坦）和地球有许多相似之处，比如都有云、雨和湖泊。此外，科学家还发现了两者之间的另一个相似之处：它们上面都有波浪。美国国家航空航天局的"卡西尼号"土星探测器携带的相机，在土卫六的一个最大的甲烷湖上拍到了看起来像是波浪的形态——这是科学家寻觅了很长时间后，首次发现这样的形态。

"说实话，找了这么久，我差点就要绝望了。"美国爱达荷大学的物理学家贾森·巴恩斯（Jason W. Barnes）说。2014年3月，他在美国得克萨斯州举行的第45届月球与行星科学大会上展示了自己的新发现及相关证据。一旦得到证实，这将是人们首次在地球以外发现波浪。

巴恩斯的研究组从土卫六北部名为"蓬加海"的湖泊所反射的太阳光中，发现了一种特定模式，并认为那是由2厘米高的波浪造成的。不过，其他研究人员指出，还有一种可能也可以解释这种模式：蓬加海也许并非深湖，而只是一片泥滩，泥滩表面的浅层液体或许也能导致这种特殊的光反射模式。"虽然新发现非常吸引人，但还没有被证实。"美国康奈尔大学的行星科学家乔纳森·卢宁（Jonathan Lunine，他并未参与此项研究）说。

如果土卫六上的确有波浪，这将有着重大意义。因为这意味着，土卫六上

土卫六上的湖泊到底有多深？

存在含有大量甲烷和乙烷（这颗卫星上最主要的液体组成物质）的深湖。如果土卫六上存在生命，它们很可能还处于原始形态，而最有利于最初生命形式存在的环境，就是大容量的液体——足以形成波浪的那种。

另外，如果土卫六上确实存在液体，也有利于在土卫六上顺利开展太空探索任务，寻找地外生命。毕竟，在液体上着陆，肯定要比在黏稠的物质或者坚硬的地面上容易些。

科学家希望确认，他们现在看到的特殊光反射模式，是否的确由波浪造成。如果波浪真的存在，它的高度很可能会超过2厘米，未来探测器应该能捕捉到关于波浪更明确的证据。

土星环正在
孕育新卫星

撰文 | 肯·克罗斯韦尔（Ken Croswell）
翻译 | 王栋

观测数据显示，土星环似乎正在孕育一颗新的小卫星。通过这颗小卫星科学家或许将破解行星诞生之谜。

因拥有美丽行星环而闻名的土星，坐拥多达62颗卫星，卫星数雄冠太阳系。在这些卫星中，大的比如土卫六"泰坦"，个头超过了水星；小的则只与"泰坦尼克号"邮轮相当。现在，天文学家或许正在目睹他们之前从未见过的一幕：在土星极其壮美的行星环中，一颗新卫星正在"诞生"。

"这是一个偶然的发现。"英国伦敦大学玛丽皇后学院的行星科学家卡尔·默里（Carl Murray）介绍。2013年4月，在查看"卡西尼号"土星探测器最新拍摄的土星照片时，他注意到A环（土星三个主环中最外侧的环）的边缘有一个超过1,000千米长的明亮特征。

在2014年7月1日的《国际太阳系研究杂志》（*Icarus*）上发表的论文里，默里和同事推测，这个亮斑或许表明一颗新卫星正在那里努力"生长"。这颗新卫星的直径应该不到1,000米，因其太小所以无法直接看到。直到2013年，某个物体撞击到这颗新卫星，由此产生的光才最终引起了他的注意。如果把土星环比为卫星"母体"的话，A环已经"成熟"到足以"孕育"新卫星了，因为位于该环外的一颗更大的卫星——土卫十"杰纳斯"的引力作用，会使环外缘的物质颗粒倾向于聚集在一起。如果这些颗粒结合成一个足够大的团块，它们自身的引力就能吸引更多的物质，最终形成一颗卫星。默里认为，这颗卫星刚刚"诞生"不久，但还不确定这个"不久"是仅仅数年，还是已经有数百万年了。

美国国家航空航天局艾姆斯研究中心的杰夫·库齐（Jeff Cuzzi，未参与此项研究）认为，默里的发现极可能是一颗新生卫星。库齐说，现在更重要的问题是预测这颗卫星的命运：它会成功飘出土星环，成为土星众多卫星中的正式一员，还是会最终崩溃瓦解呢？

这颗"初出茅庐"的卫星仍然面临着不少考验。因为研究人员认为它和土星环一样，是由水冰构成的，所以在未来的数百万年里，它有可能被小行星撞得粉碎。

默里希望通过探测器拍摄的高质量影像，直接看到这颗卫星。土星环系统和年轻恒星的原行星盘类似，它们都是扁平状，而且都围绕一个大质量的天体运转。

卫星的形成能够为研究行星如何诞生提供线索。因此，土星环或许能为遍布整个银河系的新生行星系统提供一个微尺度的模型。

土星环上的一个明亮斑块或许表明，那里存在一颗新生卫星。

卫星起源于

行星环

撰文 | 约翰·马特森（John Matson）

翻译 | 王栋

太阳系中的卫星，或许是由很久以前围绕在行星周围的小碎块结合而形成的。

卡尔·萨根曾说过："如果想从头做一个苹果派，第一步先得创造出宇宙。"而最新的研究表明，如果想从头弄出一个卫星来，就必须先创造出带有行星环的行星。（当然第一步还是得先创造出宇宙。）

法国天文学家最近得出一个结论：地球的卫星——月球，以及其他行星的众多普通卫星（指离母行星较近，位于近赤道轨道的那些卫星），可能是从很久以前的行星环系统（就像现在仍环绕着土星的环）中逐渐演化而来，而并非通常所认为的，卫星是在行星形成过程中，和行星几乎同步一次性形成的。研究人员在2012年11月的《科学》杂志上公布了这一发现。

通过理论建模，法国尼斯－索菲娅·安蒂波利斯大学的奥雷利安·克里达（Aurélien Crida）和巴黎狄德罗大学的塞巴斯蒂安·沙尔诺（Sébastien Charnoz）发现，卫星的形成过程开始于行星环的边缘。在那里，卫星逐渐形成，并且在形成的过程中不会由于行星的引力而破碎。在向外飘移之前，许多小的卫星团块已经由环中物质聚合而成了。这些小团块在环系统中越来越多，相互碰撞结合，形成体积更大的团块。在旋转着远离行星向外运动的过程中，它们就可能逐渐进一步彼此结合，最终形成卫星。

这个新的假说似乎能够解释，土星、天王星和海王星的普通卫星的一个关键共同点，即离母行星较远的卫星总是比较近的卫星质量大。就像一个雪球沿山坡滚下一样，在远离行星及其行星环的过程中，处于合并状态的卫星团块会吸收、结合更多的物质，变得越来越大。最终，一个有着完美秩序的卫星系统将会形成：较小的卫星由较少的小卫星团块聚合形成，位于内层轨道；大卫星则由大量小卫星团块组成，处于更远的外层轨道。

行星科学家通常接受的观点是，地球形成早期曾有过一次剧烈的天体碰撞。在这次碰撞中巨量的物质云被抛射到了宇宙中，最终形成了我们的月球。而在克里达和沙尔诺的观点里，这些抛射出的物质最初平铺成绕地球的一个行星环，接着它才扩散开来并逐渐聚合形成月球。

这个新设想也有瑕疵。例如，如果天王星和海王星也曾具有类似土星那样复杂而巨大的环系统，那这些环系统现在到哪里去了？"我们想出了一些解释，但它们都还没有足够的说服力，"克里达说，"但我相信，我们能找到解释这些行星环消失的原因，揭开这一谜题的铁证仍将是卫星。"

土星环

矮行星上的
暗红色斑

撰文 | 虞骏

在飞快自转的妊神星表面，科学家发现了一个暗红色斑。这究竟是什么呢？答案尚待揭晓。

妊神星是太阳系里最奇特的矮行星，在海王星外已知天体中排名第4，大小仅次于阋神星、冥王星和鸟神星。不过，它的自转速度是同类天体中最快的——"一天"只相当于地球上的3.9个小时。科学家推测，这可能是10多亿年前发生的一场天体碰撞的结果。如此快速的旋转把妊神星甩成了一个"橄榄球"，星体三轴的长度分别为2,000千米、1,600千米和1,000千米。在2009年9月16日召开的欧洲行星学大会上，英国贝尔法斯特女王大学的佩德罗·拉塞尔达（Pedro Lacerda）介绍，他们在妊神星的表面发现了一个暗红色斑。由于妊神星距离地球超过70亿千米，望远镜无法分辨任何细节，因而暗斑的存在是根据妊神星的亮度随自转的变化而推测出来的。科学家还无法确定暗斑的真实身份，它有可能是那场天体碰撞留下的遗迹，也可能是妊神星上矿物和有机物富集的地区。

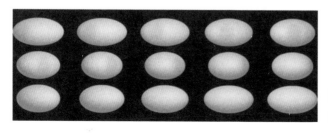

橄榄球形的妊神星上存在一个暗红色斑。

不是彗星
惹的祸？

撰文 | 约翰·马特森（John Matson）
翻译 | 谢懿

遥远的奥尔特云被认为是彗星发源地，那里的彗星经过漫长的旅程，通过木星和土星的层层阻挠，冲进太阳系，甚至与地球发生亲密接触。它们是怎么踏上这条轨迹，进入太阳系内部区域的？一个新的彗星形成机制告诉我们，从内奥尔特云散射的彗星受到星际空间引力摄动，就可以绕过木星或土星，安身于太阳系内。

奥尔特云到太阳的距离远远超过冥王星的轨道半径。那里的冰质尘埃团块有时会受到驱赶，拖着长长的尾巴以彗星的形式闯进内太阳系。受到从太阳附近经过的恒星，以及其他银河系中的相互作用的影响，一些扰动足以把奥尔特云中的彗星送入一条会从地球身边呼啸而过，甚至会与地球相撞的轨道。新的数值模拟已经揭示出一种彗星进入内太阳系的新机制。模拟结果还暗示，彗星雨可能和地球上的大规模生物灭绝事件并没有太大联系。

彗星的运动很大程度上取决于木星和土星：它们巨大的引力场往往会让小天体远离地球。传统观点认为，能够绕过木星和土星围堵的彗星必定来源于奥尔特云外围，因为只有在那里，来自太阳系外的摄动才能发挥最大的影响，把彗星送入周期长达数百年的长椭圆轨道。这种理论还认为，只有在其他恒星近距离擦过太阳而造成彗星雨期间，极强的引力扰动才能把内奥尔特云的彗星送入内太阳系。

美国华盛顿大学的内森·凯布（Nathan Kaib）和托马斯·奎因（Thomas

Quinn）进行的计算机模拟，颠覆了先前的这一观点。他们发现，即便在没有大的扰动造成彗星雨的情况下，能成功穿越木星－土星壁垒的彗星实际上也有很多来源于内奥尔特云。确切地说，他们发现，通过与大质量行星的相互作用，内奥尔特云中距离相对较近的天体可以被散射到奥尔特云的外围。这些彗星突然被"踢入"一条周期更长的轨道，从而受到更大的、来自于星际空间的引力摄动。一段时间后，当彗星再次回到行星附近时，轨道又会发生大幅变化，引导它们从木星或土星身边滑过。凯布说："它们基本上都能够成功穿越木星－土星壁垒。"

凯布和奎因估计，我们观测到的来自于奥尔特云的彗星，有半数以上是通过这种途径来到我们附近的。其他研究者对这一模拟结果也表示赞同。美国喷气推进实验室的资深科学家保罗·韦斯曼（Paul Weissman）说："这种被我们称为'动力学路径'的机制确实可行，影响也可能非常深远。"

美国普林斯顿高等研究院的天体物理学家斯科特·特里梅因（Scott Tremaine）说，这一研究为彗星形成的标准模型和观测之间的差异提供了一种

彗星引发的骚乱：一种可以用来解释彗星如何穿越木星和土星的新机制认为，这些冰质天体对地球上生物大灭绝事件所起的作用并不大。

解决途径。特里梅因说："差异之一是，（按照传统观念）彗星的形成过程效率极低。为了使所形成的彗星数量达到我们的观测值，太阳系原行星盘的质量就必须很大，但这样大的质量似乎与其他方法得到的最佳估算值不相符。"

凯布和奎因根据他们新发现的机制和观测到的彗星数量，估计出了内奥尔特云中物质总量的上限。然后，他们建立了一个统计模型，估算有多少彗星会在过去几亿年来的彗星雨中击中地球。他们的结论是：大规模彗星雨非常罕见，由此造成的地球生物大灭绝事件可能不会超过一次。

用彗星动力学来解释地球上的生物灭绝历史，可能会遭受一些争议。韦斯曼注意到，凯布和奎因在分析灭绝事件时考虑的是彗星雨，而非通常情况下所考虑的彗星。而且，就算彗星雨出现的次数减少，也排除不了彗星在生物灭绝中所起的作用。他解释说，要引发一场生物大灭绝，根本不需要许多小彗星像下雨一样接连撞击地球，一颗大彗星撞过来就足够了。

原行星盘

原行星盘是环绕在新形成的年轻恒星周围的气体尘埃盘，在恒星形成过程中普遍存在。

太阳"诱拐"
小行星赛德娜

撰文 | 肯·克罗斯韦尔（Ken Croswell）
翻译 | 马骁骁

小行星赛德娜很可能是太阳从别的恒星那里"偷"来的。不过这还有待确认。如果不是这样，那我们就冤枉太阳了。

　　小行星赛德娜于2003年被发现，是当时已知的最遥远的太阳系行星。它的轨道非常特别，即使在近日点也离大行星轨道很远。这暗示着，赛德娜可能有过特别的经历。这颗小行星是怎么进入太阳系的呢？最新的模拟计算表明，它很有可能是太阳从别的恒星那里夺来的。

　　在2012年，天文学家发现了另一个更小的天体，它的轨道更为扁长，距太阳也更远。这个天体为破解赛德娜的身世之谜提供了线索。荷兰莱顿天文台的天文学家露西·伊尔科娃（Lucie Jílková）和西蒙·波特吉斯·兹瓦特（Simon Portegies Zwart）决定研究赛德娜和这个与其相似的"小弟"——2012VP113，看它们是否可能来自别的恒星。伊尔科娃说："我们的计算结果表明有这种可能。"科学家甚至重现了太阳当年抢夺这两颗行星的"犯罪场景"，并计算了"受害"恒星的相关属性。他们将这颗恒星命名为"恒星Q"。

　　在投给英国《皇家天文学会月刊》（*Monthly Notices of the Royal Astronomical Society*）的论文中，他们是这样描述的：恒星Q的质量一开始要比太阳大80%，它掠过太阳附近时距我们约340亿千米，即海王星轨道半径的7.5倍。这意味着恒星Q很可能和太阳源自同一团物质。尽管恒星Q现在依然存在，但由于质量很大，它可能早已燃尽，失去了自己的光芒，变成了一颗不易

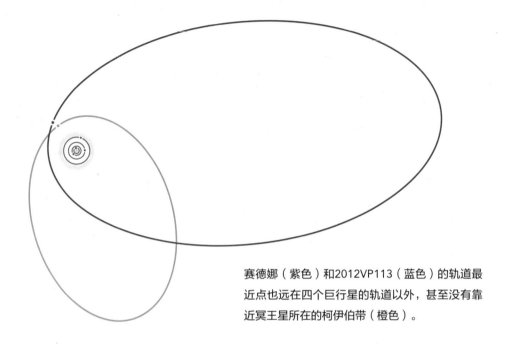

赛德娜（紫色）和2012VP113（蓝色）的轨道最近点也远在四个巨行星的轨道以外，甚至没有靠近冥王星所在的柯伊伯带（橙色）。

被发现的白矮星。

美国哈佛－史密森天体物理学中心的天文学家斯科特·凯尼恩（Scott Kenyon）认为，该研究结果"有力"地说明了赛德娜是被太阳从其他恒星那里捕获而来的。但美国加州理工学院的天文学家、赛德娜的发现者迈克·布朗（Mike Brown）却认为，赛德娜更有可能本就来自太阳系，不过由于受到其他恒星的引力牵引而被拉到现在遥远的位置。这种解释更为简洁。

在天文学家发现更多遥远的太阳系天体之前，这个问题很可能会没有答案。布朗说："假如能发现十几个这样的天体，那么到时候大家的困惑应该可以解除。"假如这些天体都来自恒星Q，那它们的近日点应该都在太阳的同一侧。但若事实并非如此，那我们可能就冤枉太阳了。

太阳系外的
熟悉面孔

居住在太阳系的我们，总怀有这样的想法：在宇宙中，我们是否是孤独的？在浩瀚的宇宙中，是否也有类似太阳系的星系，或是类似地球的行星？那里是否有生命存在？只要人类探索的脚步不停止，或许在不久的将来，我们就能发现遥远宇宙中的生命。

钻石
"地球"

撰文 | 乔治·马瑟 (George Musser)
翻译 | 谢懿

寻找与地球类似的行星,就是在为地球生命寻找未来的避难所。这样的避难所——"类地行星"上,含量最高的元素可能是碳,地壳可能由石墨组成,地壳内部则充满钻石和其他晶体,海洋的成分很可能是焦油。

天文学是一门另类的科学,天文学家最想找到的是很平淡无奇的东西——类地行星,残酷宇宙中适宜生命生存的另一个避难所。2009年3月发射的开普勒望远镜是迄今在类太阳恒星周围寻找类地行星的最佳工具,而现已发现的太阳系外行星大多是气态巨行星。许多人预言,不久之后科学家将发现太阳系外的第一批"地球"。但现在已知的这些巨行星与天文学家原先的预想大相径庭。或许这本身就暗示着,太阳系外的"地球"说不定跟我们的地球大不一样。

近年来,理论学家已经意识到,质量跟地球相当的其他行星可以是一颗巨型水珠、一个巨型氮气球,或者一大块铁。随便写出一种你喜欢的元素或者化合物,都可以用它们"造"出一颗行星。这些行星存在的可能性,很大程度上取决于碳和氧的比例。这两种元素是排在氢、氦之后宇宙中最常见的元素。在行星系统的胚胎时期,它们会结合成一氧化碳成对出现。在数量上稍稍胜出的元素,最后将主宰行星的化学组成。

在我们的太阳系中,氧占据了主导。虽然我们倾向于认为,地球是以生命要素碳为基础的,但其实碳只是少数派。类地行星实质上由富含氧的硅酸盐构

围绕其他恒星旋转的类地行星可能并非由石头构成，而是由碳组成——地壳是石墨，内部是钻石，海洋则充斥着焦油。

成，外太阳系则充斥着另一种富含氧的化合物——水。

　　一项新的研究向我们详细展示了太阳系中的碳输掉这场比赛的过程。任职于美国亚利桑那大学和美国行星科学研究所的杰德·邦德（Jade C. Bond）、任职于美国亚利桑那大学的丹蒂·劳蕾塔（Dante S. Lauretta）及任职于美国行星科学研究所的戴维·奥布赖恩（David P. O'Brien），模拟了太阳系形成过程中不同化学元素在其中的分布。他们发现碳以气态形式出现在原行星盘中，最终会被吹入深空；胚胎期的地球根本挽留不住它们。我们身体里的碳必定是后来由小行星或彗星带来的，这些天体在形成时所处的环境使它们留得住碳。

2005年，当时任职于美国普林斯顿大学的马克·库克纳（Marc Kuchner）和当时任职于美国卡内基科学学会的萨拉·西格（Sara Seager）指出，如果碳氧平衡偏向另一侧的话，地球就会变得完全不同。地球不再会由硅酸盐组成，而将由碳化硅之类的碳基化合物和真正的纯碳构成。地壳将主要由石墨组成，地下几千米处的压力足以将石墨转变成钻石和其他晶体。一氧化碳或甲烷冰将会取代水冰，焦油则可能会形成海洋。

银河系中可能充斥着这样的行星。按照邦德引用的巡天观测数据，拥有行星的其他恒星平均碳氧比要高于太阳，她的小组所做的模拟也预言，绝大多数这样的行星系统会形成碳行星。邦德说："有些恒星的化学构成跟太阳有着巨大的差异，由此形成的类地行星在组成上也会与地球大相径庭。"

当然，其他巡天观测已经发现，太阳在它所属的这类恒星当中是非常普通的。不过开普勒望远镜或许可以解决另类行星的问题，因为即使它能提供的有关太阳系外行星的信息很有限，差不多只有质量和半径，那也足以透露它们的大致构成。

在更加奇特的环境下，比如在白矮星和中子星周围，碳地球可能会变得尤为普遍。银河系中某些富含重元素的区域，例如银河系中心，会具有较高的碳氧比。随着时间的流逝，恒星不断地制造出重元素，这个天平将会进一步向碳倾斜。

诸如此类的天文发现改变了我们对于平常和不平常的观念。银河系中的绝大部分物质是暗物质，绝大多数恒星要比我们的太阳更红、更暗弱。现在看来，似乎其他的地球也可能不再和我们的地球相似。如果说有什么事物偏离了"正常"而要被称为"另类"的话，那就是我们自己。

钻石构成的
星球

撰文 | 约翰·马特森（John Matson）
翻译 | 王栋

在我们满怀信心地踏上寻找类地行星的发现之旅时，也许没有想到，那些围绕各自"太阳"旋转的陌生星球有多么千奇百怪，就连组成这些星球的化学成分也同地球大不相同。在另一个主要由碳构成的星球上，珍贵稀有的物质很有可能不是钻石，而是水。

在我们的太阳系之外，还有其他遥远的行星在围绕着它们的"太阳"旋转。虽然对那些陌生星球的研究才刚刚起步，但是科学家们已经发现了数百个同我们地球完全不同的世界：令木星都相形见绌的巨行星，被母恒星炙烤得如火红石块般的岩石行星，还有蓬松的、密度和苔藓差不多的诡异行星。

虽然人们通常认为，还应该存在看起来和地球类似的太阳系外行星，但映入我们眼帘的却总是超乎想象的奇异世界。在那里，稀有元素（相对地球来说）遍地都是，而常见元素却十分罕见。

以碳为例。碳是构成有机物的关键元素，同时也是一些对人类来说最为珍贵物质（例如钻石和石油）的主要成分。虽然碳极其重要，但是它的含量却不高：在地球组成物质中所占的比例还不到0.1%。

不过，在另一个星球上，碳也许就像尘土一样随处可见。事实上，在那里碳和尘土或许就是一回事。近期发现的一颗距我们40光年的太阳系外行星，很可能就是一个那样的世界。在那里，碳元素占其物质组成的大部分，并且在行星内部，巨大的压力会让数量可观的碳元素形成钻石。

93

　　这颗被命名为"巨蟹座55e"的行星可能拥有一层数百千米厚的、由石墨组成的地壳。"如果能钻到这层地壳下，你将会看到厚厚的一层钻石！"美国耶鲁大学时任博士后研究员的天体物理学家尼库·马杜苏丹（Nikku Madhusudhan）说。这一钻石结晶层可以占到该行星地层厚度的1/3。

　　这种"碳世界"的独特构造，源自与我们地球完全不同的行星形成过程。如果太阳里的元素组成能够作为参考的话，最初孕育我们太阳系中行星的原始尘埃和气体中，氧元素的含量应该约为碳元素的2倍。实际上，地球上的岩石的确多由富含氧元素的硅酸盐矿物构成。然而天文学家已经确认，在"巨蟹座55e"围绕旋转的恒星中，碳含量却比氧含量稍高些，这或许能说明该行星的形成环境与我们地球明显不同。马杜苏丹及其同事计算出了那颗行星组成物质的特性——比水质行星密度高，但比类似地球的、矿物岩石构成的行星密度低，这同碳质行星的预测相吻合。2012年11月10日，研究人员在《天体物理学杂志通讯》（*The Astrophysical Journal Letters*）上公布了这一发现。

　　美国国家航空航天局戈达德航天中心的马克·库克纳说，如果碳质行星上还能有生命存在的话，它们将同地球上依赖氧生存的生物大不相同。珍贵的氧会像燃料一样宝贵，就像地球上人类渴求的碳氢燃料一样。"在那个星球上，钻戒根本拿不出手，"库克纳开玩笑说，"一杯水才是最令人激动的求婚信物。"

短命的
"浮肿"行星

撰文 | 李抒璘

行星会死亡吗？没错，目前在御夫座中，一颗围绕着与太阳质量相当的恒星运行的行星已经"浮肿"得失去了本来面目，而且仍在瓦解。潮汐力可能是罪魁祸首，它使这颗行星的自身物质向中央恒星流失，这样下去这颗行星最终将被恒星完全吞噬。

中外天体物理学家联合组成的一个研究小组已确定，太阳系外的一颗巨大行星正在被它的中央恒星扭曲和摧毁——这一发现有助于解释这颗名为WASP-12b的行星体形为何会异常庞大。

这一发现不仅可以解释WASP-12b上发生了什么，还意味着科学家获得了绝无仅有的一次机会，来观测一颗行星如何度过其生命的最终阶段。这项研究的合作者之一、北京大学科维理天文与天体物理研究所所长、美国加利福尼亚大学圣克鲁斯分校的林潮教授说："这是天文学家第一次见证一颗行星的瓦解和死亡过程。"科维理天文与天体物理研究所在这项研究中承担了主要工作。他们在2010年2月25日出版的《自然》杂志上公布了这一发现。

行星WASP-12b在极近的距离上围绕主星旋转，强大的潮汐力使它极度"浮肿"，行星上的物质也正在流失。

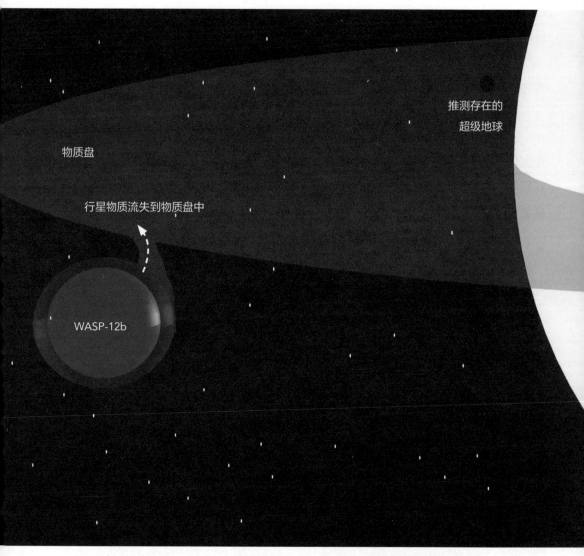

物质盘

行星物质流失到物质盘中

WASP-12b

推测存在的
超级地球

WASP-12的行星系统。WASP-12b在图中用紫色球体表示，浅紫色区域表示它的大气。从WASP-12b流出的物质在中央恒星周围形成一个盘，在图中用红色区域表示。这颗气态巨行星的轨道并非圆形，暗示盘中还有一颗未被探测到的"超级地球"，在图中用深棕色表示。

这项研究的第一作者李抒璘当时在科维理天文与天体物理研究所读研究生，她和一个研究小组分析了这颗行星的观测数据，证明其主星的引力使这颗行星"浮肿"，同时加速了其瓦解过程。

发现于2008年的WASP-12b是此前15年在太阳系外发现的400多颗行星当中最难以理解的一颗。它围绕着御夫座中一颗质量与太阳相当的恒星运行。和大多数已知的太阳系外行星一样，WASP-12b是一颗巨大的气态行星。在这方面它跟太阳系里的木星和土星有些类似。不同之处在于，它在离主星极近的轨道上围绕主星旋转，到主星的距离只有日地平均距离的1/44。另一个令人费解之处是，它的体形远远超过了天体物理模型预言的大小。根据估算，它的质量只比木星大50%左右，但是半径却大了80%，体积是木星的6倍！另外它还异常灼热，面向主星那一面的温度超过2,500℃。

研究人员认为，必定有某种机制使这颗行星膨胀到了如此出人意料的程度。他们把分析焦点放在了潮汐力上，认为WASP-12b上强大的潮汐力足以产生研究人员观测到的种种现象。

在地球上，地球和月球之间的潮汐力导致海洋一天有两次潮起潮落。鉴于WASP-12b距离主星非常近，因此这颗行星上的潮汐力会非常巨大，甚至完全改变了这颗行星的形状，使其从球形变成了接近橄榄球的形状。

通过持续不断地改变行星的形状，这些潮汐力不仅会扭曲这颗行星的形状，还会在行星内部造成摩擦。这种摩擦产生的热量，则会导致这颗行星膨胀。林潮教授说："这是第一次获得直接证据，证明行星内部加热（或者说'潮汐加热'）能够使这颗行星膨胀到目前的大小。"

研究人员说，尽管WASP-12b非常巨大，却面临着早早夭折的命运。事实上，过度"浮肿"正是其瓦解的诱因之一。由于体形过度膨胀，这颗行星已经无法在与主星引力的拉锯战中留住自身的物质。李抒璘解释说：

> **潮汐加热**
>
> 潮汐加热为受到潮汐力的拉扯变形使得行星或卫星物质相互摩擦而加热的现象。

"WASP-12b以每秒约60亿吨的速率向中央恒星流失质量。以这个速率，这颗行星将在1,000万年内被中央恒星完全吞噬。这听起来似乎是一个很长的时间，但是对于天文学家来说，这个时间很短。这颗行星的寿命仅为地球目前年龄的1/450。"

从WASP-12b流失的物质不会直接掉入主星，而是在主星周围形成一个盘，盘旋着缓慢流入主星。对WASP-12b轨道运动的深入分析表明，这个盘中还存在另一颗质量较小的行星在扰动它的轨道。这颗行星很可能是一颗大质量的类地行星——俗称"超级地球"。

这个行星物质盘，以及包含在其中的超级地球，都可以用现有的观测设备探测到。它们的性质将有助于我们进一步明确WASP-12b这颗神秘行星的历史和命运。

天仓五：
另一个"太阳系"？

撰文 ｜ 肯·克罗斯韦尔（Ken Croswell）
翻译 ｜ 李宁曦

距离我们12光年的恒星天仓五，很可能拥有一个与太阳系类似的行星系统。这个发现引起了研究人员的关注，更清晰的拍摄影像将展现这个行星系统的细节。

天仓五（鲸鱼座内一颗在质量和恒星分类上都和太阳相似的恒星）距离地球12光年。因为与太阳相似之处颇多，半个世纪前，它就成为了科幻小说中的常客，点燃了人类寻找地外生命的热情。2012年，天文学家发现，它可能拥有5颗行星。这些行星的个头比地球略大，轨道半径小于火星，并且其中一颗行星正好位于宜居带内。这无疑极大地激发了研究人员对它的关注。欧洲空间局赫歇尔空间天文台拍摄的远红外影像展现了关于该星系星尘带的更多细节。

星尘来自小行星与彗星的碰撞。当小行星小到无法从图像上识别时，我们就只能通过星尘的位置推断这些小行星的轨道。加拿大维多利亚大学的萨曼莎·劳勒（Samantha Lawler）告诉我们，天仓五的星尘带相当宽。2014年11月，她带领的研究团队报告，星尘带的内缘距离天仓五约2～3个天文单位（地球到太阳的距离为1个天文单位）。这恰好是太阳系小行星带的位置。星尘带一直向外延伸到距离天仓五55个天文单位的位置，而这个距离又恰好对应于太阳系柯伊伯带的外缘。太阳系的柯伊伯带分布着众多小的星体，其中最大的就是冥王星。劳勒说，主流观点认为天仓五的星尘带分布着大量的小行星和彗星，但缺少诸如木星这样的大行星，因为大质量行星的引力会将星尘带中大多

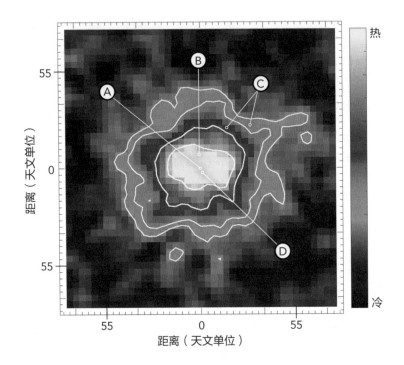

天仓五速览：这幅远红外图以前所未有的清晰度向我们展示了天仓五的星尘带，图片源自2014年11月1日发行的《皇家天文学会月刊》。

Ⓐ 天仓五：该行星系的恒星，位于图像正中心，为围绕它旋转的星尘提供热量。

Ⓑ 热星尘：赫歇尔空间天文台捕捉到的星尘辐射位于远红外波段，黄色区域离天仓五最近，该区域的星尘温度最高，因此辐射也最强。

Ⓒ 冷星尘：红色区域的星尘温度较低，而绿色区域的星尘温度更低，离天仓五也更远。

Ⓓ 5颗行星：之前猜测可能存在的5颗行星的轨道离天仓五很近，在图中难以辨认。

数的小岩块甩出去。

通过智利的阿塔卡马大型毫米及亚毫米波阵拍摄的更为清晰的星尘带影像，天文学家将确定之前猜测的5颗行星是否真实存在。如果星尘带与行星的假想轨道重叠，那么这些行星就不太可能存在——因为如果它们存在，它们会排斥绝大多数产生星尘的小行星。

劳勒的研究团队表示，如果这些行星确实存在，那么这个星系就相当于一个没有木星、土星、天王星和海王星的太阳系：行星近距离围绕恒星旋转，在行星的轨道之外的广阔区域则是小行星、彗星，以及星尘的领地。

50个天文单位

50个天文单位，这是太阳系边缘到太阳的距离。1个天文单位约为1.5亿千米，是太阳与地球间距离的平均值。

可能孕育生命的
外星行星

撰文 | 布林·纳尔逊（Bryn Nelson）
翻译 | 庞玮

还有什么比找到一颗可能孕育生命的星球更令人兴奋的呢？科学家也许找到了一颗这样的星球——格利泽581g。它"不冷不热"，正是我们期待已久的目标。虽然这颗星球是否存在还未最终确定，但科学家已经迫不及待地开始推测在它上面可能存在的生物形态了。

长期以来，天文学家一直在太阳系外搜寻有可能孕育生命的行星。2010年秋天，美国加利福尼亚大学圣克鲁斯分校的天文学家史蒂文·沃格特（Steven Vogt）及其同事，宣布发现了一颗外星行星格利泽581g——它既不太热，也不太冷，似乎正好是梦寐以求的目标。"如果该发现得以确认，那它肯定是我们期待的、而且期待了很久的那颗行星。"美国华盛顿大学的天体生物学家罗里·巴恩斯（Rory Barnes）虽然没有参与该发现的相关研究，但难掩兴奋之情。

然而好梦难圆。就在加利福尼亚大学圣克鲁斯分校的天文学家宣布发现这颗"既不太热，也不太冷"的行星之后不久，一个在外星行星搜寻领域与他们存在竞争的瑞士研究团队宣称，在自己的数据中找不到格利泽581g存在的证据。因此虽然使用望远镜观测该行星系统已有11年之久，要从这些间接而且细微的测量中确认这颗行星的存在，可能还要好几年时间。

尽管如此，这些激动人心的数据仍使天文学家闻风而动，开始加快研究孕育地外生命所需的环境。在他们看来，格利泽581g存在的可能性，进一步加剧

暮光中的生命：艺术家描绘格利泽581g。

了地外生命研究的紧迫性——利用超级计算机对地球大小的行星上可能存在的
生命进行模拟研究已属当务之急。

　　包括天体生物学家在内的很多科学家，已经开始根据天文观测数据，结合
人们对地球生命形态的认识，利用计算机模拟地外行星上的环境。与接二连三
发现新外星行星的热潮相比，这些仿真模型的价值在于，给科学家提供重要指
引，以便在将来的观测中对地外生命迹象进行更有效的搜寻。格利泽581g已经
成为外星行星搜寻领域中大家瞩目的焦点。它以近似圆形的轨道环绕一颗红矮
星运转，所处位置刚好使其具有合适的温度，从而得以在表面留存液态水——
这是生命存在的第一要素。根据美国国家航空航天局戈达德航天研究所的南

红矮星

　　红矮星指在众多处于主序阶段的恒星当中，质量和体积较小，表面温度低，颜色发红的恒星，其光谱类型为K型或更晚型。和太阳（黄矮星）相比，红矮星更小也更暗。

希·江（Nancy Kiang）联合美国华盛顿大学模拟行星实验室一起建立的模型，由于红矮星向外辐射的光还不及太阳的百分之一，因此格利泽581g上的光合作用生物会全部进化成黑色，以求尽可能多地吸收微弱的"阳光"。

　　初步计算表明，格利泽581g有可能始终以同一面朝向红矮星，"向阳面"的温度可能上升至64℃，"背阴面"则终年处于类似地球北极的严寒之中。尽管这一结论仍有争议，但围绕恒星如此旋转，会给这颗被沃格特形容为"永恒日暮"的行星，点缀一片更适合生命存活的区域。南希·江说，假如这种设想是正确的，行星表面接收到的光线波长就会随经度变化，植物的颜色会沿经度呈现出彩虹式的渐变——它们会根据所处区域决定自己的颜色，不浪费照射到身上的每一丝光线。

　　除了让理论研究者雀跃不已，格利泽581g还吊足了天文学家的胃口。许多天文学家预计，太阳系外应该还有数百个类似的天体等待我们去发现。"如果这次是我们撞了大运，那么未来很长一段时间内恐怕都找不到第二颗，"沃格特说，"如果不是，那么宇宙中就应该存在大量这样的行星。"

半真半幻的 "幽灵" 行星

撰文 | 罗恩·考恩（Ron Cowen）
翻译 | 王栋

在极度活跃的恒星附近搜寻系外行星，是研究人员最头疼的事。或许一些被人们寄予厚望的类地行星，根本就不存在。

太阳系以外的行星（简称系外行星）大多是炽热的气态巨行星。在发现系外行星的20年来，研究人员所使用的技术和设备有了极大的改进。现在，研究人员专注于搜寻小一些、和地球体积相近的系外行星，例如那颗很有名的、被认为是围绕半人马座阿尔法B星旋转的行星。不过，对于搜寻这类行星，持乐观态度还为时尚早。这项搜寻工作的困难之处在于，系外行星与它们围绕的恒星相比，体积太过渺小。而且恒星的表面活动非常剧烈，很容易就会掩盖掉行星的踪迹，或者反过来在本不存在行星的地方，显示出存在行星的假象。实际上，那颗以半人马座阿尔法B星为主恒星的行星，可能不过是由其主恒星抖动造成的"幻象"而已。

天文学家使用常规观测手段发现了这颗行星。美国哈佛–史密森天体物理学中心的泽维尔·杜姆斯克（Xavier Dumusque）和同事们监测到了主恒星发光频率的周期性变化。这种变化通常是由于行星的引力拖曳造成恒星晃动而引起的，因而暗示了行星的存在。

然而，当德国图林根州立天文台的天文学家阿蒂·哈策斯（Artie P. Hatzes）用两种不同的方法重新分析观测数据时，却得出了互相矛盾的结果：一个结果显示恒星有晃动；而另一个则显示什么也没有。他在2013年6月的

半人马座阿尔法B星周围可能存在行星系统。

《天体物理学杂志》上发表了研究结果。他认为："如果一个分析结果显示有行星，而另一个没有，那么这个结论就不可靠。"（为了准确起见，杜姆斯克和他的研究组为他们2012年10月发表的结论加上了一个显著的、不确定的声明。）

半人马座阿尔法B星的那颗"半真半幻"的行星并不是第一颗受到密切关注的行星。2010年，一个国际合作研究组宣布，发现了绕格利泽581号恒星旋转的一颗小型行星，它恰好位于该恒星的"宜居带"（指温度正好，适宜大量液态水存在的区域）中。不过，其他研究人员根据他们自己获得的数据却无法发现这颗行星存在的迹象。富有经验的系外行星搜寻家、在美国哈佛－史密森天体物理学中心工作的戴维·莱瑟姆（David Latham）说，许多被探测到的系外行星同样不能确定，因此探测结果仍未公布。

哈策斯说，鉴于这种模糊的结论越来越多，研究人员要做的，不仅是必须设法获取更多的数据，还需要承受住压力，避免过早对外宣布发现了类地行星。他自己就有这方面的经历：他现在怀疑，自己研究组于2009年宣布发现的绕天龙座42号恒星旋转的一颗巨型气态行星，可能也只是由于观测噪声造成的假象。

莱瑟姆指出，系外行星搜寻专家们下一步应该将注意力集中到更平静的恒星上，并且建立新的理论模型来解释恒星抖动的成因。使用更好的光谱仪，例如在加那利群岛的拉帕尔马岛上新建的北半球高精度径向速度行星搜索器，将对降低设备噪声有所帮助。不过哈策斯说："某些情况下还是会碰到因为恒星噪声而带来的同样的问题。"

"苔丝"任务：
寻找更近的新地球

撰文 ｜ 约翰·马特森（John Matson）
翻译 ｜ 王栋

一项新的探测任务将推动对系外行星的进一步研究。如果能发现更多的类地行星，天文学家将有望解答很多问题，比如是否有地外生命存在。

美国国家航空航天局的开普勒探测任务非常成功。它已经发现了好几千颗可能存在的系外行星（环绕除太阳以外的其他恒星旋转的新"世界"），其中超过100颗已经通过审查并得到了确认。该任务发现的许多系外行星都位列体积最接近地球的行星名单中——目前发现的25颗直径最小的系外行星中，只有一颗不是开普勒任务发现的。开普勒任务"丰产"的背后还有一个遗憾：这些行星都在数百甚至数千光年之外。这样的距离过于遥远，无法进行详细研究。

这时，"苔丝"（TESS，凌日系外行星勘测人造卫星）任务登场了。美国国家航空航天局的这项探测任务耗资2亿美元，卫星于2018年4月发射升空。与其"前任"相比，"苔丝"勘测的宇宙范围将大得多，科学家期待它能发现一批邻近的新系外行星，好让他们通过即将装备的望远镜进一步研究。美国麻省理工学院的天体物理学家、"苔丝"任务首席研究员乔治·里克（George R. Ricker）介绍："我们将考察的恒星总计约50万颗。"在距我们太阳系100光年的范围内，就有数千颗这样的恒星。

同此前的开普勒望远镜，以及欧洲的科罗系外行星探测卫星类似，"苔丝"将探测行星凌日现象——如果恒星光线发生规律性的短暂暗淡，则说明有一颗看不见的系外行星存在。根据里克的估计，"苔丝"或许能发现500～700

颗地球大小，或比地球稍大几倍的行星，其中一些或许具备适宜生命存在的条件。

　　"苔丝"完成为期2年的任务以后，将汇总出一个邻近系外行星的列表。那时，天文学家应该已经拥有了一个强大的新"眼睛"来仔细研究这些新发现的世界。这个新"眼睛"就是美国国家航空航天局将于2020年前后发射的韦布空间望远镜，它应该能够识别出邻近系外行星的大气中某些特定分子的特征信号。最终，通过这些化学特征，科学家就能推断出一颗行星上是否有地外生命存在。科学家挑选了一个邻近的、可能有生命存在的行星，来模拟韦布空间望远镜的观测效能。"我们似乎观测到了生物产生的信号，但是还不太确定，"里克说，"新一代太空探测设备应该能够完成这个任务。"

　　无论如何，如果"苔丝"任务真能发现数百颗邻近系外行星，天文学家可要开始忙了。他们要找的那些行星是什么样的？这些行星能够支持什么样的生命？而且，也许（仅仅是也许）会向一个看起来很诱人的新世界发射一些新探测器。

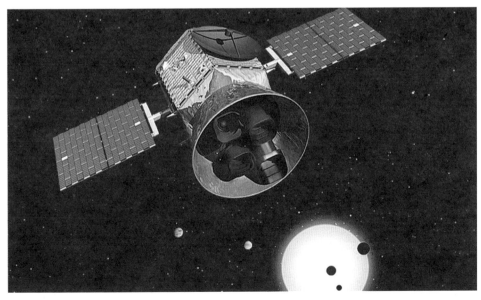

"苔丝"的艺术概念图

圆轨道行星：
地外生命的"摇篮"

撰文 | 肯·克罗斯韦尔（Ken Croswell）
翻译 | 丁家琦

什么样的行星系统更有可能孕育出地外生命？答案或许是有着更多圆轨道行星的行星系统。

如果地外生命确实存在，它们很可能存在于有着众多行星的行星系统中。最近一项研究表明，围绕恒星的行星数越多，行星的轨道就更接近圆形。而圆轨道上的行星不会离恒星太近或太远，它们的气候应该足够温和，从而能够孕育出智慧生命。

我们自己所在的太阳系就符合这个模式。太阳有8或9颗行星（这得看你有没有把冥王星当成一颗行星），其中大多数都是按接近圆形的轨道运行。举个例子，地球轨道的离心率就只有1.7%（离心率从0%到100%，分别代表从正圆到极端细长的椭圆）。水星和冥王星有着椭圆形的轨道，离心率分别为21%和25%。不过就算是冥王星（在2006年的国际天文学联合会上，冥王星被降级为矮行星，但一些人对此仍有异议），它的轨道跟其他有些恒星周围的行星轨道相比也还算圆，后者的离心率可能会超过60%、70%，甚至80%。

"据我们所知，这类'野蛮的世界'仅仅存在于只有一两颗行星的行星系统中。"这项研究的发起者、美国普林斯顿大学的天文学家玛丽·安妮·林巴赫（Mary Anne Limbach）和埃德温·特纳（Edwin L. Turner）说。与之相对，如果一个行星系统有着4颗及以上的行星，则这些行星的轨道会更接近于圆形。这一结论是他们观察了数百个行星系统中的403个行星之后分析得出的，相关研究发表在了2015年1月的《美国国家科学院学报》（*PNAS*）上。

美国国家航空航天局艾姆斯研究中心的行星科学家杰克·利绍尔（Jack Lissauer）指出，圆形轨道上的行星更易孕育生命是因为它们不会相互干扰。林巴赫也说，如果一颗行星的轨道为长椭圆形，它就可能"与其他行星的轨道发生交叉，从而将其他行星撞出原有的系统"。

轨道狭长的行星不仅会像鲁莽的司机一样撞到其他行星，它们自己也不会成为合适的生命住所——离太阳近的时候会被烤得太热，离太阳远的时候又会冻结成冰球。因此，智慧生命更可能存在于拥有圆形轨道的行星上，而它们所在的行星系中还会有各种各样其他的行星，它们甚至会为了某一颗行星到底是不是真正的行星而争吵起来——就像我们一样。

水星的故事

与任何一颗拥有椭圆轨道的行星一样，水星在每一个绕日周期中都会经过一个离太阳最近的近日点。但这个近日点的变化，比牛顿引力定律的预言更快。这一度让19世纪的天文学家认为，在它的旁边还存在着另一颗行星，他们称之为"火神星"，也称"祝融星"，正是这颗行星将水星拖离了预定的轨道。事实上，水星过于接近太阳是由广义相对论效应导致的，然而在19世纪，大家还都不知道这一点。水星的运动正好证实了爱因斯坦（A. Einstein）的理论。

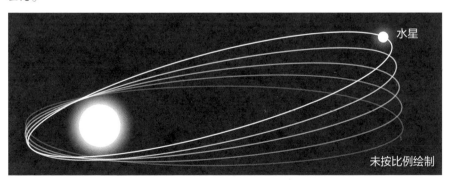

水星

未按比例绘制

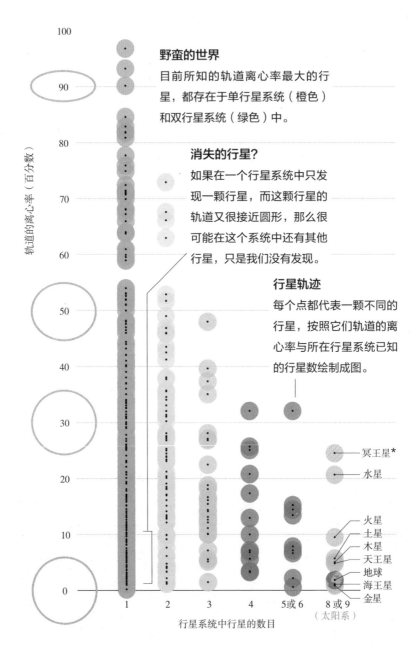

野蛮的世界

目前所知的轨道离心率最大的行星，都存在于单行星系统（橙色）和双行星系统（绿色）中。

消失的行星？

如果在一个行星系统中只发现一颗行星，而这颗行星的轨道又很接近圆形，那么很可能在这个系统中还有其他行星，只是我们没有发现。

行星轨迹

每个点都代表一颗不同的行星，按照它们轨道的离心率与所在行星系统已知的行星数绘制成图。

冥王星*
水星
火星
土星
木星
天王星
地球
海王星
金星

轨道的离心率（百分数）

行星系统中行星的数目

（太阳系）

* 国际天文学联合会已将冥王星降级为矮星，但一些人对此仍有异议。

话题六

千奇百怪的 "太阳"

　　太阳系的主星——太阳，是一颗恒星。它为我们提供能量，使地球充满生机。而在太阳系外，有着数不清的恒星，它们大多数和我们的太阳并不相同。这些恒星有的单独行动，有的结伴而行；有的在恒星的摇篮中刚刚诞生，有的在生命的最后阶段绽放异彩。而大多数恒星正处于青壮年，它们持续地发出光和热，点缀着夜晚的星空。

在黑洞周围
造恒星

撰文 | 明克尔（JR Minkel）
翻译 | 刘旸

黑洞周围的分子云会被黑洞的巨大引力统统撕碎？事实上答案并不绝对。在巨大的黑洞引力下幸存的分子云是恒星的诞生地，这些"勇气可嘉"的恒星环绕在可怖的黑洞周围。

在银河系中心的特大质量黑洞周围，环绕着100多颗恒星，科研人员可能已经弄清了它们形成的原因。在整体引力作用下的氢气分子云坍缩中，恒星渐渐形成。但是，这样的分子云在特大质量黑洞周围，应该会被黑洞强大的引力撕碎，如同落入打蛋器中的颜料被溅开一般，因而它们根本没有机会形成恒星。

黑洞

黑洞是爱因斯坦广义相对论所预言的一种超级致密天体。在黑洞的边界——事件视界以内，任何物质和辐射一旦进入便无法逃脱。在理论上，黑洞有可能是在质量足够大的恒星演化末期，即在恒星核聚变反应的燃料耗尽之后，在自身引力作用下迅速坍缩而产生的。

天体物理学家模拟了质量相当于1万颗太阳的氢气分子云突然接近黑洞的情形。尽管分子云的绝大部分会溅溅出去，但激波和其他扰动却可以把内层10%分子云的角动量消散掉。这些原料随即开始绕黑洞运行，从而给恒星的形成留出了时间。2008年8月22日的《科学》杂志公布了此项结果。

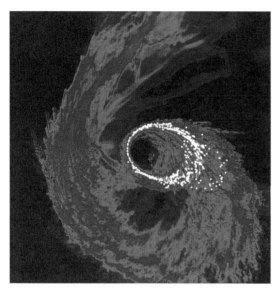

点燃恒星：黑洞周围的氢分子云（紫色）中，一些区域会相互碰撞并变得致密（红色和黄色），恒星即可在那里形成。

恒星诞生记

　　恒星的摇篮是星际云或其中的一片星云，其中的星际物质是主要由氢、氦组成的尘埃或气体。当这些星际物质的密度增加到一定程度，在一定机制作用下，它们将开始互相吸引，慢慢聚集在一起，同时温度也逐渐升高。一旦开始收缩，星际物质的密度就开始增大，并在引力的作用下坍缩得越来越迅猛，形成一个旋转的盘状物，将更多的气体和尘埃吸引进来，并继续升温。几十万至一百万年后，盘状物密度达到一定程度，其中心会形成一个核心，即为原恒星。随着原恒星不断升温，压力逐渐变大，当达到氢核与氢核的碰撞能够引起核反应的温度时，氢开始聚变，形成氦并释放能量。在其后的几百万年甚至上千万年中，物质继续进入新生恒星。当进入的物质质量足以使原恒星温度能够稳定维持聚变时，恒星就进入到它的青壮年——主序阶段。恒星一生的大部分时间都将处于这一阶段。

计算机模型揭秘
"创生之柱"

撰文 | 克拉拉·莫斯科维茨（Clara Moskowitz）
翻译 | 王栋

"创生之柱"的诞生故事，让天文学家改变了对O型恒星的看法。从触发新恒星诞生，到破坏新生恒星，O型恒星让人们看到，毁灭和创造从来就是密不可分的。

还记得"创生之柱"吗？自从1995年哈勃空间望远镜拍摄到了这幅壮观的照片以来，它就常常出现在海报、T恤衫和屏幕保护画面上。虽然似乎人人都熟悉这些柱子，但是关于它们是如何形成的，科学家却一直都不怎么清楚。一项计算机模拟研究或许能够解开这个谜团。利用气体流的物理原理，英国加的夫大学的天文学家斯科特·鲍尔弗（Scott Balfour）及其同事，几乎丝毫不差地"重建"了这些著名的柱状结构。

"创造之柱"是新生恒星的"产房"。

位于银河系鹰状星云中的这三根气体柱状结构，被科学家称为"恒星制造厂"。而这些气体柱本身又是附近一颗巨大的O型恒星的产物，后者产生的高能恒星风将气体"吹"成了这个形状。O型恒星是宇宙中最大、最炽热的恒星，虽然它们的寿命很短，却对自身周围的"环境"有着巨大的破坏力。它们的强烈辐射会加热周围的气体，形成扩张的气泡结构。此外，通过计算机模拟时间跨度为160万年的演变过程，科学家发现随着气泡结构的边缘由于膨胀而破裂，具备"创生之柱"所有特征的气体柱，会自然而然地沿着这类结构的外缘形成。

在英国皇家天文学会于2014年6月举办的天文学大会上，鲍尔弗公布了这一模拟结果。该模拟还显示，O型恒星对新恒星的诞生有出人意料的影响。先前的研究认为，是O型恒星触发了它周围那些新恒星的诞生。然而，这项模拟显示，O型恒星四周的气泡结构，常常会破坏孕育恒星的物质云团。而对那些"幸存"下来的恒星，O型恒星又会挤压其周围的气体，从而促进新恒星更快诞生，导致这些"早产"的恒星比本应具有的体积要小。"这让我们十分吃惊。"鲍尔弗说。由德国慕尼黑大学天文台的天文学家詹姆斯·爱德华·戴尔（James Edward Dale）进行的另一项模拟，同样对O型恒星是否会触发新恒星诞生提出了质疑。戴尔说："我发现，与破坏作用相比，（O型恒星的）触发效果要弱很多。看起来，鲍尔弗的模拟也证实了这一点。"毁灭和创造从来就是密不可分的，这果然是放之全宇宙皆准的真理。

恒星的
年龄之谜

撰文 | 约翰·马特森（John Matson）
翻译 | 高瑞雪

老迈的恒星也许会因为偶然被错认为仍然青春年少而窃喜，但岁月总会在它们身上留下痕迹。通过深入研究恒星年龄与其自转速率之间的关系，恒星的年龄将不再是秘密。

天上的星星在年龄问题上忸忸怩怩作态不肯明示，一颗古老的恒星经常会被错认为还很年轻。在寻找围绕着遥远恒星运行的宜居行星时，年龄问题给天文学家造成了不小的困扰，因为恒星的年龄关系到它所能支持的生命形式。

"通过研究我们自己的星球可知，如果恒星和行星是10亿岁，那么只有最原始的微生物可能存在，"在2011年5月召开的美国天文学会会议上，美国哈

佛－史密森天体物理学中心的瑟伦·迈博姆（Søren Meibom）说，"也许恒星和行星是46亿岁？那好了，我们突然知晓，这颗行星上可能充满了复杂的智慧生命。"

但是，正如迈博姆所提出的，"恒星们没有出生证"，它们的诸多视觉特征在生命周期的大部分时间里都保持不变。不过，有一个特征确实会变：随着时间的推移，恒星的旋转速度不断变慢。"因此，我们可以把旋转速度，即恒星的自转速率，当成计量恒星年龄的时钟。"迈博姆说。

不过，首先得有人在时钟上标出数字才行。研究人员已经算出了极年轻恒星的旋转速度与年龄之间的关系。迈博姆和同事则要测量年龄稍大一些的恒星的自转速率。如果他们可以计算出不同年龄层次中恒星年龄和旋转速率间的关系，那么估算恒星的年龄将会变得容易很多，"出生证"也就用不到了。

最大爆炸
理论

撰文 | 迈克尔·莫耶（Michael Moyer）
翻译 | 谢懿

恒星的总质量决定了恒星的演化和它的最后命运：比太阳大得多的恒星不会像太阳一样化为安静的白矮星，而是以剧烈的超新星爆发的方式壮丽收场。而新发现的一种爆发更为猛烈的超新星引起了天文学家的注意，这使得他们开始重新思考最大质量恒星的一生。

大约50亿年后，当太阳演化到生命终点时，它会蜕变为一颗安静的白矮星。质量更大的恒星则会发生爆炸，也就是超新星爆发，宇宙中作用最剧烈的事件之一，这样的爆发需要恒星质量达到太阳质量的10倍以上。几十年来，天文学家一直猜想存在一类更猛烈的恒星爆发——"对不稳定性"超新星爆发，爆发释放的能量超过普通超新星100倍。几年前，两个天文学家小组终于找到了它们，重新界定了宇宙中的天体究竟能达到多大质量。

所有的恒星都依靠压强来对抗引力。当氢这样的轻元素在恒星核心发生聚变反应时，会产生向外推的光子，抵御向内拉的引力。在更大的恒星中，核的压强高到足以聚变氧和碳这样较重的元素，产生更多的光子。但是在质量超过100倍太阳质量的恒星中，情况会发生变化。当氧离子之间开始聚变时，释放出的光子能量极高，它们瞬间就会转变成正负电子对。没有了光子，就没有了向外的压强——恒星便开始坍缩。

接着会有两种可能性。坍缩会产生更大的压强，重新点燃足够数量的氧导致能量爆发。这一爆发足以炸飞恒星外部的包层，但无法形成完全的超新

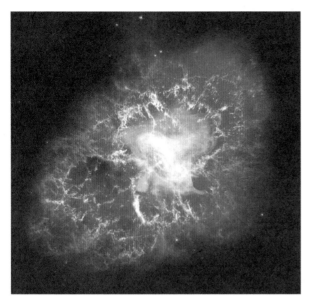

美国国家航空航天局的三台空间望
远镜拍摄到了超新星遗迹。

星爆发。同样的过程每隔一段时间就会重复一次——天文学家将这样的恒星称为"脉动"对不稳定性超新星——直到这颗恒星损失了足够多的质量,以普通超新星的形式结束它的一生。美国加州理工学院的罗伯特·昆比(Robert M. Quimby)领导的一个小组宣布,他们已经发现了一颗这样的超新星(SN 2006gy),并提交了一篇论文。

如果这颗恒星质量真的很大——超过130倍太阳质量,坍缩就会极快地进行并产生巨大的惯性,这样一来连氧聚变也无法阻止它。在如此小的空间中产生出如此大量的能量,最终结果就是把整颗恒星炸碎,什么都不留下。用任职于以色列雷霍沃特的魏茨曼科学研究所的天文学家阿维沙伊·盖尔 – 亚姆(Avishay Gal-Yam)的话来说,这才是"真家伙、大手笔"。他的团队曾经在《自然》杂志的一篇论文中宣布发现了第一颗完全爆炸的对不稳定性超新星(SN 2007bi)。

在这些发现之前,绝大多数天文学家认为,邻近星系中的巨大恒星在死亡前会抛射掉大量自身物质,因此无法形成对不稳定性超新星。这些说法正在被重新思考,因为这些最大的爆炸已经以壮观的方式宣告了它们的存在。

超新星的
"死亡伴侣"

撰文 | 凯利·奥克斯（Kelly Oakes）
翻译 | 王栋

如果白矮星在浩瀚的星海中拥有一颗供其吸取物质的伴星，它便不会孤寂地在沉默中灭亡，而是以一种更为壮丽的方式——超新星爆发来退出星际。在双星系统中，白矮星伴侣的身份一度十分神秘。科学家对一颗超新星伴星身份的分析表明，它很有可能是主序星。

白矮星是一种密度极高、质量曾和太阳接近的老年恒星。当恒星演化成白矮星时，它生命中最壮丽的阶段已经结束了。在辐射了数十亿年的光和热后，它缓慢地释放着残余能量，慢慢冷却，直到最后一抹光辉消失。然而，一些白矮星并不甘心自己的生命这样结束。

如果一颗白矮星属于一个双星系统，拥有一颗伴星的话，它就能避免默默消逝的宿命，而以一种更壮丽的方式谢幕——一种特殊的恒星爆炸，被称为Ia型超新星爆发。Ia型超新星爆发由白矮星从它的伴星中吸取物质开始，在整个过程中白矮星不断膨胀直到无法再变大。到那时，它就会发生向心内爆，紧接着以超新星的形式向外反弹爆发，产生的光足以照亮整个星系。

而在这一令人惊叹的过程中，那颗被白矮星掠取物质的伴星也扮演着重要角色。然而，这颗伴星的身份在很长时间里都是一个谜。理论模型认为，伴星可以是红巨星，也可以是太阳这样的主序星，也可以是白矮星。

对于2011年发现的一颗Ia型超新星，天文学家已经缩小了它的候选伴星的范围。2011年8月24日晚上8时59分，"帕洛马瞬变工厂"的一台位于美国加利福尼亚州帕萨迪纳观测台的望远镜发现了一个明亮的斑点。这颗新发现的、被命名为SN 2011fe的超新星，打破了"帕洛马瞬变工厂"的天文学家发现Ia型超新星的最快纪录：爆发后仅有11个小时就被发现。

2011年12月，研究人员在《自然》杂志上发表了两篇论文，分析了对SN 2011fe超新星的观测结果。其中一篇以任职于美国伯克利劳伦斯国家实验室和"帕洛马瞬变工厂"的彼得·纽金特（Peter Nugent）为第一作者的论文提出，这颗超新星的伴星很可能是一颗主序星。在另一篇文章里，美国加利福尼亚大学伯克利分校的李卫东（Weidong Li）等人排除了伴星是红巨星的可能。

利用位于夏威夷的凯克望远镜Ⅱ的观测数据，李卫东确定了这颗超新星的位置。然后，他分析了哈勃空间望远镜在超新星爆发之前拍摄的照片，来寻找孕育这颗超新星的双星系统的线索。

超新星SN 2011fe是许多年来发现的距离地球最近的Ia型超新星，由于现在的观测仪器已经有了长足的进步，它也将是历史上被研究得最充分的超新星。上述两篇文章仅仅是一个开始。

搜寻
超新星遗迹

撰文 | 约翰·马特森（John Matson）
翻译 | 庞玮

超新星爆发是宇宙中的突发事件，景象蔚为壮观。而Ia型超新星的爆发更为惨烈，因为这意味着一颗伴星将被吞食。Ia型超新星产生于白矮星核爆，在明亮耀眼的爆发背后却笼罩着谜题：爆发的动力来自何方？被吞食的伴星到底是何身份？

一颗Ia型超新星也许是施暴者与受害者的终极对立组合——一颗恒星从伴星那里窃取物质，达到临界质量，进而变得不稳定，最终释放出强大的核爆冲击波，足以将那可怜的受害者化为齑粉。

上述这些场景中施暴者的身份很明确：Ia型超新星爆发中，发生突然爆炸的是名为白矮星的小而致密的恒星。但是那个受害者的身份却一直是个谜。一直以来，科学家相信这些受害者都是像太阳那样的主序星，或是蓬松的红巨星。然而一些新的研究却指出，由于某些我们目前知之甚少的机制，在这些惨剧中的主角可能大多是一对白矮星，其中一个将其同伴吞食，然后自己爆发成超新星。

2012年9月27日发表在《自然》杂志上的一项研究支持后一种看法，并断言从主序星或红巨星演变而来的Ia型超新星只占少数。加那利群岛天体物理学研究所的霍奈·冈萨雷斯·埃尔南德斯（Jonay I. González Hernández）和同事对Ia型超新星SN 1006爆发中的受害者展开了搜寻，结果什么也没找到。这种伴星遗迹的缺失似乎将大型恒星排除在受害者名单之外，因为如果伴星是大型恒星，其核心应该能躲过劫难，从而遗留下来成为可观测的证据，而白矮星伴星则不会留下任何痕迹。结合其他一些对超新星伴星遗迹基本上徒劳无功的搜寻工作，研究人员推测，只有不到20%的Ia型超新星符合经典假设中的场景。

　　美国加利福尼亚大学圣巴巴拉分校拉斯坎布雷斯天文台全球望远镜网络的天文学家安德鲁·豪厄尔（D. Andrew Howell）认为，20%的估计"过于夸张"。他说，一颗比太阳稍小的普通恒星也不会留下任何可观测的痕迹，这么看来它也适合充当超新星SN 1006的伴星。

超新星SN 1006遗迹

不合群的
奇特中子星

撰文 | 马克·阿尔珀特（Mark Alpert）
翻译 | 谢懿

科学家发现中子星卡尔韦拉与以往发现的中子星光谱相似，但在其他方面却特立独行：据观测，卡尔韦拉的银纬坐标相较于其他中子星要高，飞离银河系的速度也快于其他中子星。

我们的银河系中散落着大量死亡恒星的遗骸。在生命的最后时刻，绝大多数恒星会抛掉它们的外部包层，收缩成密度很高、个头却只有地球大小的白矮星。但是大质量恒星会以超新星爆发的方式，给自己的一生画上句号，留下一颗更为致密的中子星。中子星的直径只有20～40千米，质量却可以超过太阳。（质量更大的恒星最终会演化成黑洞。）从20世纪60年代开始，天文学家们就观测到了大量的中子星，包括高速旋转的射电脉冲星和吸积伴星物质的X射线双星。2007年8月，科学家宣布发现了一颗中子星，这可能是发现的中子星中最年老的一颗。它在小熊座中孤零零地辐射出X射线，似乎与以前观测到的中子星都不太一样。

长期以来，科学家都对中子星兴趣十足，因为它们可以帮助科学家研究极端条件下的物理规律。它们的强大引力可以把电子压入质子，从而形成中子；在中子星核心，引力

中子星

大质量恒星在演化晚期，发生超新星爆发后，核燃料耗尽，核心在引力作用下坍缩，形成主要由中子组成的稳定星体——中子星。中子星是一种依靠简并中子产生的压力来对抗引力，使压力与引力相平衡的致密星，密度极大但体积很小。

甚至能够把中子压碎成夸克。为了更好地
了解中子星的形成与演化，一些研究人员
专注于研究孤立中子星。这种中子星，已
经从造就它们的超新星爆发所产生的遗迹

夸克

构成质子、中子这一类强
子的更基本粒子被称为夸克。

中脱离了。过去10多年来，天文学家利用德国的空间望远镜伦琴X射线天文台
（ROSAT），通过检测X射线辐射，已经发现了7颗这样的中子星，但没有一颗
能够像脉冲星一样发出射电辐射。这7颗中子星以20世纪60年代的经典电影《七
侠荡寇志》（*The Magnificent Seven*）中7位主角的名字来分别命名，它们距离
太阳都比较近（大多不超过2,000光年），年龄也不算大（不超过100万年）。

加拿大麦吉尔大学的罗伯特·拉特利奇（Robert Rutledge）、美国宾夕法
尼亚州立大学的德里克·福克斯（Derek Fox）及安德鲁·舍夫丘克（Andrew
Shevchuk）在使用ROSAT数据寻找其他孤立中子星的过程中，在一片没有普通
恒星的天区中发现了一个X射线源。他们利用空间和地面望远镜进一步观测发
现，这个天体的光谱与"七侠"十分相似。但是，新发现的天体又和其他孤立
中子星有着较大的差异，因此研究人员最终用电影中的反派角色卡尔韦拉为它
命名。卡尔韦拉的银纬坐标高得出奇：从地球上看过去，这颗中子星位于银盘

上方30度左右。（银经和银纬是
以银河系为参考系的空间坐标，
银河系内大多数恒星位于一个盘
面之中，中子星也大多位于这一
银盘面上，银纬一般为0度左
右。）如果卡尔韦拉的物理特性
与其他孤立中子星一样，它到地
球的距离就是25,000光年，到银盘
的距离为15,000光年。

这样的距离使得卡尔韦拉恰
好位于银晕之中。银晕是包裹银

艺术家描绘的孤立中子星，磁力线环绕着这个极
端致密的恒星残骸。

127

脉冲星

脉冲星是一种快速自转的中子星，可有规则地发射毫秒至百秒级的短周期脉冲辐射，通常有10^7～10^9特斯拉的强磁场。若短周期脉冲辐射在射电波段发射则为射电脉冲星，其辐射波段通常为毫秒至秒级。毫秒脉冲星则指脉冲周期仅为毫秒级的脉冲星。

河系的一个弥散球状区域。中子星不可能在银晕中形成，因此研究小组怀疑，卡尔韦拉可能是在诞生时，受到强烈的冲力而被抛出银盘的。但是，如果真像模型预言的那样，卡尔韦拉形成时间不到100万年，那么它飞离银河系的速度就会超过每秒5,000千米，比其他所有中子星的速度都要快。

这些问题使得科学家重新考虑了卡尔韦拉的归类。他们推测，卡尔韦拉也许是一颗毫秒脉冲星。这种中子星通过吸积伴星物质使自转加速，自转周期可以达到毫秒级。对于卡尔韦拉而言，它的伴星也许在很久以前就被它彻底吞噬了。如果这个假设正确，卡尔韦拉到地球的距离就会近得多，介于250～1,000光年之间，一跃成为距离最近的中子星。但是，当研究人员把射电望远镜对准它的时候，他们并没有探测到卡尔韦拉发出的任何超高速脉冲辐射。福克斯说："这无疑使卡尔韦拉变得更加神秘。"这些研究人员正计划通过更多的观测来查明它的性质。同时，他们也要研究其他10个孤立的X射线源，或许它们也会让科学家困惑不解。

老电影——《七侠荡寇志》

《七侠荡寇志》，又译为《豪勇七蛟龙》，改编自《七武士》，是好莱坞集合众多动作片演员拍摄的一部西部电影，于1960年上映。

影片讲述了墨西哥的一个小镇屡屡遭到强盗抢劫，万般无奈之下镇民寻找枪手来保卫家园。最后共有七名充满正义感而且身怀绝技的勇士来到村庄，力战一百多名强盗，最终将他们歼灭。而七名勇士中的四名也为了村子的和平献出了宝贵的生命。

话题七
宇宙空间的隐形
"居民"

在浩瀚无垠的宇宙中，居住着数不清的天体。要想了解它们可没有那么容易——除了距离遥远，它们中的大部分还不可见。在一些星系的中心，就隐藏着一种神秘的天体：黑洞。它吞噬一切物质，包括光。还有一些物质人们怎么都观测不到，不过它们的质量不容忽视。人们将这些不可见的物质称为暗物质。不过即使难以观测，科学家们还是想出了各种办法来了解它们。

从黑洞中挽救数据

撰文 | 明克尔（JR Minkel）

翻译 | 刘旸

黑洞吞噬的数据可能会以霍金辐射的形式泄漏出来，而且如果黑洞的寿命过半，那用不了太久数据就可通过分析得到恢复。

并非所有被黑洞吞噬的东西都会消失；数万亿年后，被吞噬的数据可能会以霍金辐射的形式泄漏出来。一项分析指出，数据的恢复过程可以比原先认为的过程更快。设想爱丽丝把一些量子比特抛入一个相对年轻的黑洞；鲍勃要等到黑洞寿命过半，才能获得足够的霍金辐射来重构这些比特。不过，

如果爱丽丝等到黑洞寿命过半才抛出这些比特，而且鲍勃在此前已经让自己的一些比特与爱丽丝的发生纠缠，让它们可以跨越任何距离仍然联系在一起，情况就大不一样了。

爱丽丝扔出去的比特会把纠缠传递给黑洞向外发射的霍金辐射。鲍勃只要在爱丽丝扔出比特之后，抓住几个比特的霍金辐射，再让它们与自己的比特混合，就可以从理论上重构出爱丽丝的比特。鲍勃抓住的辐射粒子，数量只需要比爱丽丝扔出去的比特多10%；考虑到黑洞每秒可以发射多达1,000个比特的霍金辐射，鲍勃用不了太久就能恢复被爱丽丝丢进黑洞的数据。

> **比特**
>
> 比特是信息量的度量单位，指二进制中的一位所包含的信息量。

霍金也许
是对的

撰文 | 约翰·马特森（John Matson）
翻译 | 庞玮

相比于笼罩在各种光环下大名鼎鼎的霍金本人，他的重要预言霍金辐射却被公众淡忘了。但科学家们从未停止探索的脚步，一群意大利科学家就通过在实验室里再现"事件视界"，观测到了与霍金的预言相符的结果，但他们观测到的是否就是霍金辐射目前还无法确定。

1974年，斯蒂芬·霍金（Stephen Hawking）预言，黑洞的外边缘会释放出微弱的粒子流，形成所谓的霍金辐射。该理论不仅确立了霍金顶尖科学家的地位，而且为他成为公众瞩目的明星铺平了道路。看看他那些频频引发话题的畅销书，还有在著名动画片《辛普森一家》（*The Simpsons*）里的客串演出，其受关注程度可见一斑。在各种光环的笼罩之下，大家只知道霍金辐射是与黑洞相关的神秘现象，而最初的那个理论却被人们，至少是被公众淡忘了。微弱的霍金辐射从未在天文观测中被证实，研究者也未能通过实验手段产生这种效应。

一群意大利科学家则另辟蹊径，来检验霍金的预言。他们用一块玻璃再现了黑洞的"事件视界"。一旦进入事件视界，任何事物都无法逃脱，即便以光速运动也是枉然。霍金却认为，正是在这个边界上会有辐射产生。他的推理是，既然普通物质和光都能被吸入事件视界，那么不断产生又消失的虚粒子应该也难逃厄运；这些虚粒子是借由量子规律从真空中成对产生的短命鬼，在宇宙中的绝大多数地方，虚粒子对都转瞬即逝，产生出来很快又湮灭于真空之中；但在黑洞事件视界边缘，虚粒子对中的一个粒子可能坠入事件视界，留下另一个粒子以辐射的方式逃离黑洞。

意大利英苏布里亚大学的物理学家达尼埃莱·法乔（Daniele Faccio）和同事一起，在一块2厘米长的熔融石英玻璃器件中制造出了事件视界。选用这种玻璃是因为，在强激光脉冲的照射下，脉冲点周围的光速会被减慢，甚至可以降低到零，于是在脉冲点周围就形成了一

个事件视界，随着脉冲一起运动。任何光子都无法穿透这一事件视界。如果在接近这个事件视界的地方有一对虚光子产生，其中一个光子就有可能被运动中的事件视界扫除，另一个光子则得以逃逸，二者无法相遇湮灭而重归真空。法乔等人在实验中记录到了从玻璃中向外射出的光子，平均每100个脉冲就有1个此类光子出现，而且所有特征都与霍金预言的辐射相吻合。他们已经将实验结果发表在了2011年出版的《物理评论快报》（*Physical Review Letters*）上。

对于如何解释这些观测结果，物理学家仍有分歧。苏格兰圣安德鲁斯大学的乌尔夫·伦哈特（Ulf Leonhardt）认为，该实验的确是人类第一次观察到霍金辐射。其他人则不那么确定。美国马里兰大学的西奥多·雅各布森（Theodore A. Jacobson）说，他更倾向于相信另一个研究组公布的结果——他们在流水中观察到了霍金辐射的非量子对应物。他指出，法乔的小组尚不能确定光子是在事件视界边缘成对产生的。法乔自己也提到："我们所用的玻璃块是个庞然大物，我们没办法确定另一个光子最后去了哪里。"不过，作为人工事件视界实验方案的提出者，伦哈特眼下也在研究同样的现象。他采用了尺度较小的光纤，能够将两个光子全都检测出来，这样就能确定它们是否源于一处。法乔说："只要实验一出结果，所有的争论都将尘埃落定。"

霍金的
新黑洞理论

撰文 | 迈克尔·莫耶（Michael Moyer）
翻译 | 王栋

一个有着数十年历史的悖论再次浮现。这个悖论正是由霍金提出的。面对再次出现的难题，霍金给出了新的解释。

2014年年初，当霍金提出"黑洞不存在"而让人们议论纷纷时，他并不是真的在谈论黑洞，至少不是你我想象中的黑洞（一种能吞噬包括光在内的一切物质的天体）——它们还是一如既往那么"黑"，这一点所有物理学家都没有异议。

相反，霍金的"妙语"是在对黑洞做一种新的理论分析。同许多理论物理学家一样，霍金也一直在试图理解一个足以撼动物理学核心的悖论，即"黑洞防火墙悖论"。这个理论如果成立，就意味着物理学家或许不得不抛弃（或者大改）量子力学和广义相对论这两大理论中的一个，甚至要同时抛弃或修改这两大理论。

所谓的"防火墙问题"，与霍金上世纪70年代首次提出的一个悖论有关。该悖论考虑的是这样的问题：掉进黑洞里的信息会怎样？根据量子力学法则，信息永远不可能消失。甚至烧掉一本书也不能毁掉其中包含的信息——书中的信息只是被混杂在了一起。但是，黑洞似乎确实能毁坏信息，将信息吸入"视界线"——一个不可逃脱的边界。

黑洞信息悖论困扰了物理学家20年。上世纪90年代末，这个悖论似乎得到了解决。当时，研究人员发现，信息能通过"霍金辐射"的形式从黑洞中逃逸出来。但在2012年，美国加利福尼亚大学圣巴巴拉分校的物理学家却对这种解释提出了质疑。他们认为，视界线的作用不是像科学家以前认为的那样，而是像一堵"防火墙"，能阻止外面的霍金辐射同内部的物质在量子层面保持纠缠。

霍金的最新工作，是在试图给出新的解释。他提出，黑洞除了视界线外，还具有一个"视平线"。这两者几乎是一回事。信息可以从黑洞内部抵达视平线。在那里，量子效应能模糊视平线和视界线之间的界限，有时候会让信息能够逃脱出去。因此，如果你能持续观察它们数百万亿年，你会发现黑洞并非完全"漆黑"的。不过，霍金在论文的最后也承认，关于黑洞的一些基本问题，我们仍无法理解。

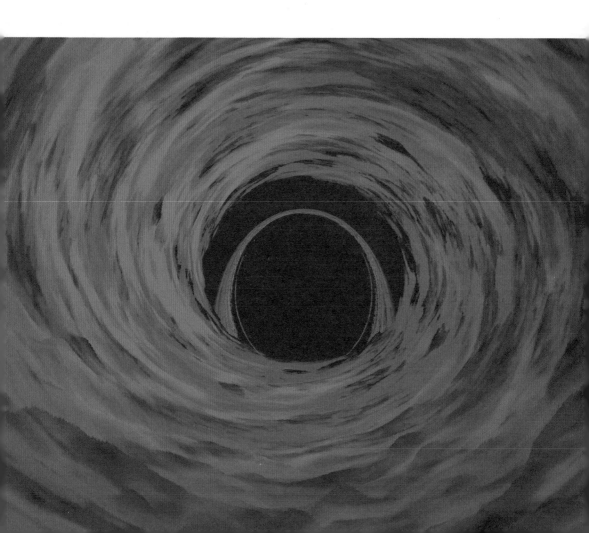

观测
黑洞自转

撰文 | 凯莱布·沙夫（Caleb Scharf）
翻译 | 赵昌昊

想要了解遥远的黑洞非常困难，不过天文学家想出了好办法。他们通过研究一对黑洞双星来测定其中一个黑洞的自转速度。

黑洞可能质量极大，但极其致密，因此想要认识距离我们十分遥远的黑洞并不容易。为了测定黑洞的物理性质，天文学家必须找到十分巧妙的观测手段。

一个国际天文学研究团队提出了一种方法——利用大质量黑洞双星系统中两个黑洞的相互作用，测量单个黑洞的自转速度，这一研究结果发表在了《天体物理学杂志通讯》上。

OJ 287是距离地球约35亿光年的超大质量黑洞双星系统，其中质量较大的黑洞大约有180亿倍太阳质量，较小的则只有1.5亿倍太阳质量。由于两个黑洞质量相差悬殊，小黑洞的轨道穿过了大黑洞的吸积盘。吸积盘是一团围绕黑洞旋转的超高温物质，会发出大量可见光，而小黑洞每隔12年便会穿过大黑洞的吸积盘，导致观测到的光强发生变化。

天文学家根据大黑洞周围可见光变化的规律，并考虑到小黑洞的椭圆轨道的进动，成功预测到OJ 287双星系统在2015年11月和12月各有一次光强变化。在这期间，他们精确地测量出可见光的强度改变量，从而间接获知大黑洞的自转速度。结果表明，大黑洞的自转速度是广义相对论所允许的最大自转速度的31%。

　　将本次观测数据与先前的观测进行比对，结果明确地显示出该系统的绕转周期在不断缩短，这是由于系统正在向外辐射引力波。引力波是黑洞运动所引起的时空结构的振荡，它会从双星系统中带走能量，导致两个黑洞逐渐靠近。

　　换句话说，天文学家正通过OJ 287双星系统目睹两个超大质量黑洞的合并过程。而在黑洞临近合并的阶段，它们将越转越快，光强变化也会更加频繁。

黑洞生于红超巨星？

撰文 ｜ **李·比林斯**（Lee Billings）
翻译 ｜ **沈添怿**

研究人员认为，当某些红超巨星的核心发生坍缩时，它们直接形成了黑洞，而并没有成为超新星。

在侦探故事《银斑驹》（*Silver Blaze*，又译为《白额闪电》或《银色马》）中，大侦探福尔摩斯（Holmes）留意到了一些本该发生却没有发生的事情——看门狗在半夜时分并没有吠叫，从而破解了一桩谋杀案。同样，天文学家也正试图通过寻找没有发生爆炸的恒星，来破解宇宙学谜题——黑洞的诞生。

比太阳的质量大许多倍的恒星，通常以超新星的形式结束它的一生——质量巨大的内核发生坍缩，触发剧烈的爆炸。超新星非常明亮，足以让宇宙另一端的我们在地球上对其进行观察和研究。现代天文学家虽然还没有在我们的银河系观察到超新星，但在临近星系观测到了前身星，由此证实曾经发生过几十次超新星爆炸。然而奇怪的是，虽然质量更大的恒星也应以超新星的形式终结，但迄今为止观测到的超新星却没有质量超过太阳17倍的。

理论物理学家猜测，黑洞或许可以解释这一现象。当某些红超巨星的核心发生坍缩时，它们直接形成了黑洞，吞噬分崩离析的星体，而并没有成为超新星。从远处看，消失的恒星可能正宣告着一个黑洞的诞生。

"我们称之为'失败超新星'，"美国加利福尼亚大学圣克鲁斯分校的天体物理学家斯坦·伍斯利（Stan Woosley）在电脑上模拟过这一过程，他说，"第一眼看到的是红超巨星，再一眼却不见了，简直出神入化。"

2008年，克里斯托弗·科哈内克（Christopher Kochanek）和美国俄亥俄州立大学的同事提出了一个寻找这些消失恒星的方法。大多数针对超新星的研究都把重点放在寻找明亮的闪光上，与此相反，科哈内克提出，监控大约30个相邻的星系，在恒星突然消失的位置，寻找可疑的暗区。

2015年，根据位于美国亚利桑那州的"大型双筒望远镜"的观测，科哈内克与两位同事吉尔·盖克（Jill Gerke）、克日什托夫·施塔内克（Krzysztof Stanek）确信，他们已经找到一颗"失败超新星"——NGC 6946星系中的一颗红超巨星发生了短暂的爆发，随后便在眨眼间不见了。

到2016年，天文学家或许已经两次见证了黑洞的诞生。2015年7月，英国剑桥大学的托马斯·雷诺兹（Thomas Reynolds）、摩根·弗雷泽（Morgan Fraser）和杰勒德·吉尔摩（Gerard Gilmore）宣称，在哈勃空间望远镜观测NGC 3021星系的存档中，发现另一颗红超巨星在星团中蜕变为了黑色。这两个团队的研究成果均刊登于《皇家天文学会月刊》。

当然，这两个案例可能还有其他平淡无奇的解释：恒星的亮度可能存在变化，会产生巨大的波动，恒星也有可能迁移到了尘埃背后。接下来，这两个研究团队计划利用空间望远镜进行更深入的观测，以为恒星蜕变为黑洞这种说法找到更多证据。

对他们来说，最好的景致就是视野之内空空如也。"恒星的星光可能会发生变化，"科哈内克说，"但死亡对于恒星来说是永恒的。"弗雷泽表示："如果恒星重新出现了，那么很明显，它们并没有发生爆炸，对于'失败超新星'的寻找也将重新上路或就此停止。"

暗物质催生
特大黑洞

撰文 ｜ 蔡宙（Charles Q. Choi）
翻译 ｜ 庞玮

特大黑洞是如何在短时间内形成的？这个疑问一直以来都没得到解答。根据科学家们的猜测，问题的关键有可能是暗物质。他们提出，暗物质可以为暗星提供能量，而这些暗星的直径可达太阳的20万倍，特大质量暗星最终会坍缩成巨型黑洞。

质量超过太阳10亿倍的黑洞藏身于很多星系的中心，驱动这些星系旋转和演化。在大爆炸之后大约137亿年的今天，这是宇宙中常见的景象。而在早期宇宙中，这样的特大质量黑洞非常罕见，或者说从理论上讲应该非常罕见。因为按照现有的恒星演化理论，黑洞需要非常长的时间才能长成这样的庞然大物。然而证据表明，这类特大质量黑洞在大爆炸后最多经过了10亿年就已经存在了，这着实难住了科学家。现在这个谜团似乎可以解开了，关键要靠一种神秘物质——暗物质。

早期宇宙特大质量黑洞之谜在2003年初见端倪，当时斯隆数字化巡天发现了五六个这样的黑洞。按照常规思路，大爆炸后大约2亿年诞生了第一批常规的恒星。但考虑到当时宇宙的状态，这些恒星最多形成100倍于太阳质量的黑洞，根本就没有足够长的时间让这些黑洞合并成年龄仅有10亿岁、质量却有太阳10亿倍的庞然大物。

美国密歇根大学安阿伯分校的理论物理学家凯瑟琳·弗里兹（Katherine Freese）及其同事认为，暗物质或许能解决这个让人头疼的问题。虽然看不到

暗物质，但通过它们施加的引力影响，我们已经证明它们确实存在，并且它们至少占到宇宙中物质总量的80%。不过，对于暗物质到底由什么构成，科学家仍没有答案。在诸多猜测中，最有希望的候选者是被称为中性微子的弱相互作用大质量粒子（WIMP）。中性微子能在相互碰撞时湮灭，释放出热、伽马射线、中微子、正电子，以及反质子之类的反物质粒子。

弗里兹及其合作者对年龄仅有8,000万到1亿年的早期宇宙进行了计算，此时原恒星气体云正要冷却收缩，它们的引力应该会把中性微子吸引进来并相互湮灭，释放出的能量应该可以点亮第一批"恒星"。这些"恒星"不像普通恒星那样以核聚变为能量来源，而是由暗物质湮灭提供能量，因此被弗里兹等人称为"暗星"。

弗里兹小组的初步结果暗示，暗星的体积会让常规的恒星"自惭形秽"，因为暗星不必像常规恒星那样，为了挤压原子核使之聚变而维持高密度，所以它们可能极为蓬松，最大可达太阳直径的20万倍。科学家还预测暗星较低的表面温度能让它们达到1,000倍太阳质量，相比之下，现有常规恒星的质量上限仅有大约150倍太阳质量。

弗里兹及其同事估计，暗星成长到10万倍太阳质量以上，才会耗尽燃料开始坍缩。他们重新分析了中性微子流入暗星被原子捕获的频率，得出了新的结论：暗物质粒子提供燃料驱动暗星成长的时间比原先的预期要长得多。他们将分析结论投稿给了《天体物理学杂志》。

超大质量暗星耗尽暗物质之后会收缩并触发核聚变，以常规恒星的形态继续存在大约100万年。这些恒星不会发生超新星爆炸，用弗里兹的话来说，这是因为"它们太大了"。相反，它们会直接坍缩成同等质量的黑洞。几个这样的黑洞合并在一起，就可以在大爆炸后10亿年内形成巨型黑洞。

超大质量暗星应该会比太阳耀眼10亿倍，温度则维持在太阳的水平上，散发出黄色的星光。弗里兹希望，未来将发射升空的韦布空间望远镜能够看得足够远，从而检测到这些蓬松的庞然大物。今天的宇宙里不太可能再有暗星形成，因为如今暗物质的平均密度仅有当年暗星形成期的1/8,000，那时的宇宙要比现在致密得多。

并不是所有人都买暗星的账。美国密歇根州立大学的天体物理学家布赖恩·奥谢（Brian O'Shea）认为，这个理论建立在对暗物质的属性做了过多假设的基础之上。他举例说，暗物质也可能由轴子构成，这是理论上存在的另一种不可见粒子。轴子间不会相互湮灭，因而也就无法形成暗星。

不过，美国得克萨斯大学奥斯汀校区的天体物理学家保罗·夏皮罗（Paul R. Shapiro）认为，暗星"是从一个合理的暗物质模型推导出的合理结果"。如果科学家真的找到了暗星，它们不仅能帮助我们解释那些黑洞，还能提供关于暗物质构成的线索。奥谢则评论说："如果暗星真的存在，那它们肯定冷得令人难以置信。"

雄心勃勃的斯隆数字化巡天

斯隆数字化巡天堪称天文学史上一项最具雄心和影响力的天文观测项目。通过使用新墨西哥州阿帕奇顶点天文台的一台专用2.5米口径望远镜，它深化了我们对宇宙一些基本问题的认识。自从2000年启动以来，该项目已经完成三个阶段的巡天任务：第一阶段从2000年持续到2005年；第二阶段从2005年到2008年；第三阶段从2008年到2014年。经过三个阶段的运行，它已经获取了超过全天四分之一的光学图像和超过100万个星系、类星体和恒星的光学光谱数据。2014年，项目的第四阶段已经开始，对宇宙中从未探索过的区域开展全新研究。通过对大量星系、类星体、恒星等天体的观测，斯隆数字化巡天将绘制出最精确的宇宙结构图，为科学家研究星系在宇宙中的分布、测定宇宙的基本特性、寻找宇宙中最遥远的天体提供数据支持。

暗物质"现身"？

撰文 ｜ 克拉拉·莫斯科维茨（Clara Moskowitz）
翻译 ｜ 王栋

为了揭开暗物质的神秘面纱，科学家时刻关注着来自宇宙的信号。银河系中心发出的神秘之光，或许是暗物质粒子首次向我们展露真容。

暗物质或许是宇宙中最令人迷惑、最神出鬼没的组成部分之一。虽然科学家认为宇宙总质量中的绝大部分来自于它，但没有人能确认这一点，因为从没有人真正看到过它。不过现在，暗物质似乎终于显露出一点真容了。美国国家航空航天局的费米伽马射线空间望远镜，记录到了源自银河系中心的高能伽马射线，这一现象与有关暗物质的预言正好吻合。在2014年4月举行的美国物理学会会议上，美国珀杜大学的物理学家拉斐尔·兰（Rafael Lang，未参与此项研究）评价："我认为这是目前为止得到的最令人激动的信号。"如果科学家记录到的高能伽马射线的确由暗物质造成，这将是科学家首次直接探测到构成暗物质的粒子。

在各种有关暗物质的假说中，认为暗物质由弱相互作用大质量粒子（WIMP）构成的假说最有可能是正确的。WIMP是自身的反物质同伴，会在相互碰撞时湮灭，同时生成普通物质粒子，并随即产生伽马射线光

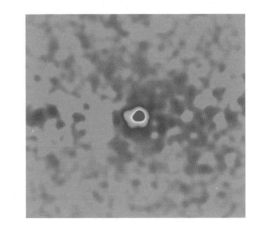

子。因为银河系中心是暗物质最为密集的地方，所以那里是寻找伽马射线光子的最佳地点。

此前科学家就发现，费米伽马射线空间望远镜观测到的来自银河系中心的伽马射线强度超出预期。但对此进行的分析，一直没能得到一个确定的结论。而这次发现的则是一种更显著的高能伽马射线信号——它的源头从银河系中心发出，一直延伸到了5,000光年范围之外（见上页图）。"看起来，这同我们一直期待的暗物质图像一模一样。"美国国立费米加速器实验室的丹·胡珀（Dan Hooper）说。他是该项研究的参与者之一。

当然，"重大的科学新发现，要有强大的证据支撑"。在用其他仪器设备或在其他地方再次观测到该信号之前，大多数科学家仍会对这一发现持保留态度。但是，不论结果如何，我们离揭开暗物质的神秘面纱都更近了一步。

暗光子：
暗物质新线索

撰文 | 克拉拉·莫斯科维茨（Clara Moskowitz）
翻译 | 李想

为了找到暗物质，人们想出了各种方法。几十年苦苦搜寻，物理学家终于找到了有关暗物质的新线索。

宇宙中藏着某种神秘的东西。它看不见摸不着，我们仅能通过它施加给宇宙万物的引力，知道它的存在。几十年来，有关暗物质的假设一个一个被否定，随着候选范围的层层缩减，物理学家已开始隐隐不安。要是最后一个假设也被否定，该如何是好？难道我们注定永远无法探查这些占宇宙总质量大部分的物质吗？

2015年早春，对这个问题的解决忽然变得柳暗花明。研究人员找到了一条近年来最有价值的线索：一些新的作用力似乎能让暗物质"开口说话"。这一发现或许能帮助我们弄清，暗物质由何种粒子构成。

这条新线索是在观察宇宙角落里一个名为艾贝尔3827的星团时被发现的。天文学家利用"引力透镜效应"（指光经过大质量物体时会发生弯折的现象）锁定了暗物质在该星系团内4个相互碰撞的星系间的位置。哈勃空间望远镜和位于智利的甚大望远镜发现，至少有一个星系，其周围的暗物质，明显落在了普通物质的后面。这意味着一个从未被观测到的现象：暗物质中的粒子正发生相互作用，并因此拖慢了自己的脚步。

由英国杜伦大学理查德·马西（Richard Massey）领导的研究小组推测，因为这一相互作用并未影响到普通物质，所以这种作用肯定是由引力之外的某

天文学家用于估量4个
碰撞星系的弯曲光线

种只影响暗物质的力主导的，比如一种由交换"暗光子"而形成的力。这类似于普通质子依靠电磁力进行相互作用的情形：当两个质子相互靠近时，每个质子都将释放一个光子——电磁力的载体——并吸收对方的光子。动量由此交换，质子彼此分离。

这一消息吸引了正在苦苦搜寻暗物质的物理学家们，来自美国纽约大学的物理学家尼尔·韦纳（Neal Weiner，未参与上述研究）说："如果真是这样，那可要天翻地覆了。"暗光子方案从一种最基本也最流行的暗物质理论发展而来，该理论认为暗物质由一种通常称为"弱相互作用大质量粒子（WIMP）"的粒子构成。不过暗光子及其独有的相互作用，可以解释一些WIMP单粒子方案无法回答的问题，例如为何星系中心的密度会低于原先计算的结果。

　　暗光子方案将帮助物理学家从暗物质"候选名单"上再划掉几个不靠谱的选项。"虽然我们从各种各样的途径获得了暗物质存在的证据，"韦纳说，"但除了引力相互作用外，我们对它仍一无所知。如果暗物质确实存在这种自相互作用，那么有一大堆关于暗物质的理论模型就可以被淘汰了。"

　　这一发现发表在了2015年6月的英国《皇家天文学会月刊》上。值得一提的是，这个发现可能与许多著名的暗物质假说相左，因为这些假说中的暗物质粒子是从超对称理论中导出的。超对称理论是一个试图解答许多物理学谜题的诱人理论，例如，它假设基本粒子种数比目前已知的更多，以此来解释希格斯玻色子的质量为何如此之小。但即便推出暗物质是由这些粒子中的某一种（比如WIMP）构成，这一理论的大多数版本也不包含自相互作用。

哈勃空间望远镜发现暗物质在星系碰撞中的异常行为。

参与该项研究的科学家则认为，现在就排除其他更"平庸"的解释还为时尚早。例如，当暗物质处在碰撞星系之外，同时又恰在地球的视线上，则可能增强引力透镜效应。"对这项研究不利的方面是，这个发现仅是一个孤立事件，"团队成员、来自瑞士洛桑联邦理工大学的戴维·哈维（David Harvey）说，"宇宙中有太多的未知，我只能说一切皆有可能。"况且，在之前对其他星团的搜寻中，也没找到过暗物质自相互作用的迹象，这其中就包括2015年3月哈维领导的一项涉及72例星团碰撞而非个别星系碰撞的研究。不过，星团碰撞的速度比星系碰撞的速度更快，留给暗物质进行自相互作用，并显出滞后迹象的时间也更少，所以两项研究的结果并不矛盾。

即便后来的观测没能引入新的作用力和暗光子方案，艾贝尔3827星团仍然让物理学家在"暗物质不是什么"这个问题上前进了一步。与此同时，地下探测暗物质粒子的搜寻仍然无果，欧洲核研究中心的大型强子对撞机目前也仍未找到暗物质粒子。科学家期盼能很快出现转机：2015年4月重启的大型强子对撞机达到了它的最高能量上限，探测器的灵敏度也会调至最高。"暗物质是如此令人费解，我们想要的数据不知何时才能获得，"哈维感叹，"我感觉如果现在还不出现转机，就永远都不会出现了。"

PandaX实验
暂未探测到暗物质

撰文 | 韩晶晶

想要捕捉到暗物质的踪迹绝非易事。虽然灵敏度更高的实验尚未发现暗物质，但为暗物质理论提供了更强的限制。

暗物质依然难以捉摸，但它已经渐渐被科学家逼入死角了。2016年，上海交通大学的PandaX（粒子和天体物理氙探测器）暗物质探测实验的新结果公布。实验虽未探测到暗物质粒子，但更进一步地限定了它的性质。

物理学家认为，整个宇宙的物质中有大约84%是暗物质，而中子和质子等构成的普通物质仅占了很小的一部分。暗物质不参与电磁相互作用，也不会发出电磁辐射。正是这样，它们才得到了"暗"物质这个名称。但是，它们会通过引力对宇宙施加巨大的影响，支配着星系和星系团的形成和演化。暗物质对天体物理学意义重大，但遗憾的是，我们至今仍不知道它们究竟是什么。

目前，最受科学家青睐的暗物质候选者是弱相互作用大质量粒子（WIMP）。这种粒子本身尚未得到证实，只是超对称理论的一个预言。该理论认为，任何一种粒子都存在一个超对称伙伴，而WIMP就是这类伙伴粒子中最轻的一种。

研究者一直在通过多种手段寻找WIMP，其中一种关键的手段就是直接探测。WIMP粒子虽然几乎不与普通物质发生作用，但还是有很小的概率会撞上原子核。目前，有很多实验就是以此为基础设计的。这些实验的装置中有大量的锗、液氙，或者液氩等物质，当WIMP撞击其中的原子核时，会把部分能量转移给它们，使它们发出可以探测到的信号。

PandaX实验使用的就是液氙。第二期实验运行的时候，探测器灵敏区域内的液氙的质量已经扩大到了580千克。该实验由上海交通大学牵头，参与机构包括北京大学、山东大学、中国科学院上海应用物理研究所、中山大学、中国科学技术大学、中国原子能科学研究院和雅砻江流域水电开发有限公司等。

暗物质探测实验的一大难题就是如何屏蔽宇宙射线带来的干扰，因此这类实验装置往往设置在地下深处，利用厚厚的岩石屏蔽干扰。例如大型地下氙探测器（LUX）就隐藏在美国南达科他州的废金矿深处，距离地表1,480米。而PandaX实验有所不同，它所在的中国锦屏地下实验室位于四川锦屏山长逾17千米的隧道内，实验室上方厚达2,400米的锦屏山山体起到了屏蔽宇宙射线干扰的作用。岩石本身放射性产生的辐射则由一个100吨的聚乙烯、铅及高纯铜组成的屏蔽体来隔离。

尽管如此，PandaX还是无法完全杜绝其他粒子带来的背景干扰，因此研究者需要采取一些办法从干扰信号中分辨出真正的暗物质信号。实验组成员、上海交通大学的谌勋在接受《环球科学》记者采访时介绍："不同的暗物质探测实验区分暗物质信号和背景信号的方法各不相同。具体到PandaX暗物质探测实验来说，我们采用了二相型氙的探测方案。"二相指的是探测器中不仅有液态氙，也有气态氙。WIMP撞击氙原子核后，不仅会激发原子发出闪光，还可能导致原子电离，逃出来的电子在电场的作用下会进入气态氙，也发出闪光。而背景信号的主要来源是周围环境产生的伽马光子和中子。伽马光子与氙原子的电子作用，中子和原子核相互作用，同样也会产生类似的闪光信号。

谌勋说："WIMP主要和原子核作用，而伽马光子主要和电子作用，这两种碰撞在液态氙和气态氙中产生的两次闪光信号的大小比例有明显差别，与电子碰撞时，在气态氙中产生的信号更强。通过这种方法，我们可以将来自伽马光子的本底信号和暗物质信号区分开来。中子则可能在探测器里面多次散射，从而产生多次闪光信号，这样我们也能够排除部分中子本底。"

PandaX实验于2016年7月公布的最新结果显示，从2016年3月到6月，

PandaX探测器记录了约3,000万次粒子事件。经分析,这些事件被一一排除,最后剩下的可疑事件只有2016年6月11日3时3分6秒的一个。但研究者通过分析最终认定,这个事件来源于探测材料的放射性,也不是源自暗物质粒子。

谌勋表示:"我们的实验没有发现暗物质,但是可以根据我们的探测器里面氙的质量以及运行时间,在暗物质的标准天文学假设下,给出WIMP与普通物质的散射截面的上限,

PandaX第二期实验所用的探测器

从而对暗物理论提供更强的限制。随着实验规模变大和实验时间变长,这个限制将越来越严格。如果有些理论是对的话,实验将极可能发现它们所预言的暗物质信号。"

随着暗物质探测实验的灵敏度不断提升,我们可能离发现WIMP正越来越近。不过,如果暗物质其实并不是WIMP,这种实验并不能帮我们把它彻底排除掉。如果实验装置已经非常灵敏,却还是没有探测到WIMP,就会陷入一种尴尬的境地:探测实验会开始捕捉到中微子信号。中微子几乎无处不在,没有任何办法能屏蔽它们,而且它们产生的信号和WIMP无法区分。"因此,存在一个所谓的'中微子本底'极限,当实验灵敏度到达这个极限之后,将无法区分看到的信号来自中微子还是暗物质,也就不能对低于这个极限的WIMP暗物质进行任何限制了,"谌勋说,"但是要达到中微子极限需要数十吨级别的液氙探测器,通过几年的观测才能实现。在目前的极限和中微子本底之间,还有很大的空间等待我们去探索。"

暗物质研究
前途未卜

撰文 ｜ **李·比林斯**（Lee Billings）
翻译 ｜ **赵昌昊**

暗物质到底是什么？曾经被寄予厚望的弱相互作用大质量粒子或许不是正确答案。对这种粒子的探测屡屡受挫，于是物理学家开始尝试寻找其他可能的暗物质粒子。

近几十年，物理学家期望能够探测到弱相互作用大质量粒子（WIMP），以推动物理学的发展。整个宇宙有85%左右的质量来自暗物质。暗物质不发光，也很难与普通物质发生相互作用。物理学家曾经猜测，WIMP是构成暗物质的粒子。然而，迄今最灵敏的暗物质探测实验仍然没能发现其踪迹。也许是WIMP隐藏得太深，也许是我们认识宇宙的知识根基本身不牢固——WIMP可能根本不存在。很多科学家仍然期待更先进的实验装置能够探测到WIMP，但其他人则开始重新将目光投向一些过去一直不看好的暗物质理论。

2016年夏天，大型地下氙探测器（LUX，位于美国南达科他州的布莱克丘陵）的实验结果显示未能探测到WIMP。探测器中含有的1/3吨液态氙，维持在－100℃，存放于地下约1.5千米深的巨大水箱中，这样山体和水可以屏蔽大多数无关辐射。研究人员花了一年多时间寻找WIMP与氙原子核碰撞发出的光，但在2016年7月21日，他们宣布未能探测到WIMP。

2016年8月5日，人类历史上建造的最大的粒子加速器——欧洲核研究中心的大型强子对撞机（LHC，邻近瑞士日内瓦）也宣布未能探测到WIMP。从2015年春季起，为了寻找WIMP的踪迹，LHC就开始用前所未有的高能量使质子对撞，对撞频率高达每秒10亿次。早期，两个研究团队在碰撞产生的亚原子残骸中发现了多余的能量，从物理机制上说，这一反常迹象可能源于WIMP（准确地讲，也有很多其他可能）。然而，随着LHC对撞数据的积累，多余能量逐渐隐去，这也就意味着之前观察到的只是随机性的统计涨落。

两组实验都不能证明WIMP存在，这对于暗物质探测来说有好也有坏。一方面，实验结果更进一步限制了WIMP的质量范围和相互作用强度，为我们设计下一代WIMP探测器提供了依据。另一方面，实验结果也排除了几个最简洁、最有希望的WIMP模型，这使得科学家越发担忧，WIMP可能是人类探测暗物质历程中走过的一段弯路。

爱德华·科尔布（Edward W. Kolb）是美国芝加哥大学的一位宇宙学家，他在20世纪70年代为WIMP探测做了奠基性工作，并且称21世纪的第2个10年是"WIMP的10年"。但现在他承认，实际的探测工作并没有预期那样顺利。

"相比5年前，我们现在对WIMP的了解只少不多。"科尔布说。他表示，大多数理论物理学家希望"让WIMP理论百花齐放"，发展出更加复杂和奇异的理论，来解释这种本该遍布宇宙空间的粒子究竟是如何躲过了人类的探测器。

理论工作者有两点彼此相关的理由来支持WIMP探测。其一，WIMP是粒子物理标准模型的一种广为接受的扩展理论的自然推论。该理论预言，在宇宙大爆炸后很短的时间内，WIMP就已经产生。其二，如果宇宙早期确实产生了这些WIMP，那么根据直接计算的结果，现阶段WIMP的总量和性质，与根据天文观测推测出的暗物质的总量和性质几乎完全吻合。如此巧合，堪称"WIMP奇迹"。它支持着粒子物理学家在几十年间努力寻找WIMP，但现在有些理论物理学家开始怀疑这一理论是否真的合理。

例如，美国加利福尼亚大学欧文分校的物理学家冯孝仁（Jonathan Feng）和贾森·库马尔（Jason Kumar）在2008年提出，超对称理论可以预言一系列比WIMP质量更小、相互作用更加微弱的粒子。冯孝仁说："这种粒子的总量与我们现在所观测到的暗物质相当，但它不是WIMP。该理论与WIMP理论看上去都非常可信，打破了我们以往对WIMP理论的笃信。我们把这一理论结果

暗物质的艺术概念图

称为'无WIMP奇迹'。"

理论对于简单WIMP模型的支持越来越弱，实验上又始终没有探测到WIMP，这让包括冯孝仁在内的许多物理学家开始觉得，也许WIMP只是某种更复杂的物理图景中的一个局部——宇宙中可能还有一个隐秘未见的"暗区域"，其中各种各样的"暗粒子"彼此之间通过一套"暗力"发生相互作用，比如"暗电荷"之间可以通过交换"暗光子"进行相互作用。

暗区域模型中，待定参数非常多。物理学家可以自由调节这些参数，使得理论模型能够满足新的观测数据对该模型的限制。不过这样一来，想要通过实验最终确定某一个具体模型是正确的，也会格外困难。

美国普林斯顿大学的天体物理学家戴维·斯珀格尔（David Spergel）说："有了暗区域模型，我们几乎可以随意创造出任何想要的结果。现在，我们无法依靠'WIMP奇迹'指引道路，因为可能的理论模型实在太多。我们根本不知道正确的模型到底在何方，只有等大自然透露更多线索，我们才能继续探索下去。"

有些物理学家则认为，大自然已经暗示我们，应该完全放弃WIMP模型，另求他法。比如，"幽灵粒子"中微子已经被实验证实有3种类型，即3种

"味"。尽管这3种类型的中微子的总质量不足以构成宇宙中所有的暗物质，但中微子质量不为零，这一性质意味着宇宙中还可能有第4种质量很大的中微子，它被称为"惰性中微子"。

美国加利福尼亚大学欧文分校的理论物理学家凯沃克·阿巴扎基安（Kevork Abazajian）说："关于中微子质量的起源，几乎所有合理的理论都要求惰性中微子存在。这些惰性中微子很容易就能成为暗物质的组成部分。"

轴子则是另一种有望解释暗物质构成的粒子。1977年，物理学家提出了这种假想的弱相互作用粒子，以便解决量子相互作用中尚未解决的非对称性问题。如果要用轴子来解释暗物质，那么其可能的质量范围更窄，质量也比WIMP轻很多。美国斯坦福大学的物理学家彼得·格雷厄姆（Peter Graham）说："如果我们探测不到WIMP，那么理论物理学家就会转而研究轴子。"

除了WIMP模型与暗区域模型，以及惰性中微子理论与轴子理论，还有更多更奇特的理论有可能解释暗物质的起源，不过这些理论仍处于物理学研究的边缘地带，这其中包括原初黑洞理论、额外维度理论等。当然还有一种可能，就是爱因斯坦的引力理论有瑕疵。

研究暗物质的物理学家并不担心暗物质会最终被认定为一个错误的概念。不论他们倾向于哪一种理论模型，天文观测的结果都已经表明，暗物质的存在不容置疑。他们所担心的是，暗物质的性质或许与物理学中其他的未解之谜无关，也就无法为我们认识自然界的本质提供更多的帮助。

美国麻省理工学院的物理学家杰西·塞勒（Jesse Thaler）说："我们不仅仅期望发现暗物质，更期望它能够帮助我们解决粒子物理标准模型中的其他重大问题。新的发现也许不能揭示真相……因为我们往往要过一段时间才能找到理论把整个图景联系起来。有时，新发现的粒子会让我们心生疑问：'是谁设计了这一切？'在我们生活的宇宙中，也许每次新发现都能带来更深入、更基础的认识，也许并非所有的事情都有据可依——在暗物质的问题上，这些都有可能。"

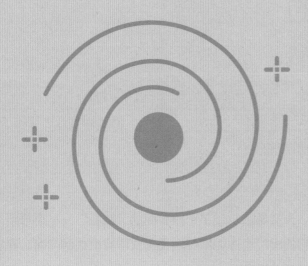

话题八

星系谱写的宇宙传奇

神奇的宇宙不但孕育了我们所在的银河系，还创造了其他形态各异的星系。它们有的青春焕发，有的年事已高；有的绚丽美妙，有的暗淡稀疏；有的看起来像蝌蚪，有的形似大海中的水母。通过揭开有关这些星系的种种谜团，我们不但可以了解银河系是怎么诞生的，还有可能窥见宇宙的过去与未来。

最古老的
旋涡星系

撰文 | 约翰·马特森（John Matson）
翻译 | 王栋

在纷杂的早期宇宙中，天文学家发现了一颗美丽的"钻石"——迄今所知最古老的明亮旋涡星系。它的出现也许能解开困扰天文学家很久的问题：在宇宙的早期，为什么旋涡结构如此稀少。

早期的宇宙热闹而纷杂。与今天相比，那时星系之间的碰撞融合更加频繁，而且星系内部也混乱地充斥着由恒星构成的团块，几乎无法形成精巧有序，如银河系或仙女星系一样的旋涡星系。

然而，通过扫描数百个在宇宙大爆炸后几十亿年内出现的星系，一个由天文学家组成的研究团队在这一片纷杂中发现了一颗美丽的"钻石"——一个罕见的、带有明显旋臂结构的早期星系。这一发现发表在2012年7月19日的《自然》杂志上。这个星系的独特情况或许能够说明旋涡结构在那个时期如此稀有的原因。

这个星系被命名为BX 442，存在于宇宙大爆炸后30亿年。通过研究哈勃空间望远镜拍摄的照片，科学家们辨别出它是一个旋涡星系。它看起来符合"宏象旋涡"星系的特征。在这类星系中，明显的旋臂结构成为了由恒星构成的星盘最显著的外貌特征。

在现在的宇宙中，旋涡结构比比皆是，但当天文学家们将目光穿越宇宙，投向越来越远（也就是越来越古老）的天体上时，旋涡结构就开始逐渐消失了。天文学家们看到的多是块状的、斑斑点点的星系飘荡在奇异的宇宙中，而

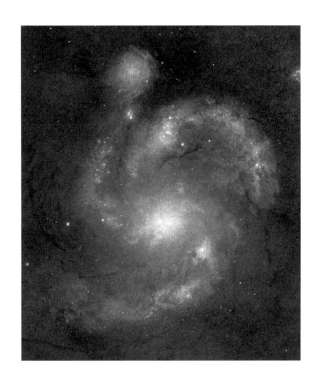

没有期待中的古老旋涡星系。然而，由于某种原因，BX 442却具有今天通常的旋涡结构，原因或许是它不久前才擦碰上另一个小得多的星系。"我们能给出的最合理的解释是，它形成旋臂的原因是旁边那个小型伴随星系。"该项研究的主要作者、加拿大多伦多大学的天体物理学家戴维·劳（David R. Law）说。"如果这个伴随星系是触发因素的话，旋臂将很可能在大约1亿年内逐渐消失。"劳解释。在宇宙的那个时期，旋涡结构只能短暂存在的特性可以说明旋涡结构如此稀少的原因。

BX 442也有可能是自己演化出了旋涡结构，而不是依靠"邻居"帮忙。星系内由恒星和气体构成的团块能够导致旋臂的形成；而BX 442的其中一条旋臂旁似乎具有至少一个巨大团块。

当下一代观测设备（例如美国国家航空航天局的韦布空间望远镜）投入使用之后，我们将获得更多宇宙不同阶段的星系样本，这些星系样本可以用于进一步研究。

麦哲伦云的
不老之谜

撰文 | 肯·克罗斯韦尔（Ken Croswell）
翻译 | 王栋

两个距银河系最近的卫星星系为什么能保持它们"青春的光芒"？来自哈勃空间望远镜的观测数据为我们提供了线索。

我们所处的星系——蕴含着数千亿颗恒星的银河系，不只是一个孤单飘浮在宇宙中的巨大星系，还是一个庞大的、绵亘100多万光年的巨大"星系帝国"的枢纽，控制着20多个较小的星系。这些较小星系环绕着银河系运转，就像众多卫星绕着一颗巨行星运转一样。

在银河系众多的卫星星系中，没有哪个能跟麦哲伦云相比。麦哲伦云是两个明亮的美丽星系，比银河系的其他所有"小跟班"都要亮得多。在南半球的夜空中，这两个兄弟星系如数片散发着光辉的迷雾。在天文学家眼中，它们的存在一直都是个谜。银河系的引力将其他所有卫星星系中能用来形成恒星的气体都掠夺了过来，那为什么只有大小麦哲伦云能够留住形成恒星所需的气体和尘埃，从而充满着明亮的年轻恒星，保持如此的光亮和美丽呢？

越来越多的证据显示，大小麦哲伦云的确十分"健康"。一直以来天文观测都表明，它们成功地避免了银河系对其内部气体的掠夺。2006年，后来任职于美国耶鲁大学的天文学家尼蒂娅·卡利瓦亚利尔（Nitya Kallivayalil）及其同事报告，根据哈勃空间望远镜的观测结果，大小麦哲伦云的运行轨道要比人们先前认为的大得多。在卡利瓦亚利尔的这一发现之前，天文学家认为大小麦哲伦云每10亿到20亿年绕银河系一周。现在看来，它们似乎需要至少40亿年甚至更久才能转完一周。2013年2月，卡利瓦亚利尔发表了哈勃空间望远镜的最新观测数据，并给出了大小麦哲伦云更精确的绕行路径，从而进一步支持了她最初的发现。现在看起来，大小麦哲伦云很可能还在绕行银河系的第一圈里，这就解释了它们为什么会散发着"年轻的光芒"。

然而，即便大小麦哲伦云的相互作用可以促进新的恒星产生，但仍有迹象表明，它们的壮丽光辉终有一天将会暗淡下去。美国哥伦比亚大学的天文学家格提娜·贝斯拉（Gurtina Besla）解释，大麦哲伦云会通过潮汐力从小麦哲伦云中吸取恒星和气体，让后者越发暗淡。她说："我认为小麦哲伦云会逐渐变成一个球状矮星团。"球状矮星团是一种昏暗的、气体贫乏的天体，就像银河系的其他卫星星系一样。而幸运的是，这将是很久以后的事了。在这趟首次临近银河系的旅途中，大小麦哲伦云都还具有充足的气体来孕育明亮的新生恒星。在未来的数个世代里，它们还将继续点亮南半球的夜空。

照亮宇宙：大麦哲伦云中孕育着新的恒星。

低龄星系
像蝌蚪

撰文 | 肯·克罗斯韦尔（Ken Croswell）
翻译 | 钱磊

奇异的蝌蚪星系展现出了银河系年轻时的样子。通过这个星系，天文学家也许可以了解银河系的恒星盘是如何形成的。

与大多数其他星系相比，仙女星系和银河系这样的巨型旋涡星系，往往质量更大，也更加明亮。这是因为它们会吞噬较小的星系，并从周围空间攫取气体。天文学家发现，一种奇异的蝌蚪状星系，可以揭示出银河系的明亮部分——恒星盘是如何形成的。

"蝌蚪星系"在20世纪90年代被首次发现。它们有一个明亮的大"脑袋"，那里面有大量闪亮的恒星；它们还拖着一条暗弱的长"尾巴"。大部分蝌蚪星系距离我们有数十亿光年，这意味着它们非常年轻。但对天文学家来说，想要研究这么遥远的星系，难度很大。

因此，西班牙加那利群岛天体物理学研究所的豪尔赫·桑切斯·阿尔梅达（Jorge Sánchez Almeida）和同事，把目光投向了7个罕见的蝌蚪星系。它们离我们比较近，与地球的距离都小于6亿光年。天文学家发现大多数蝌蚪星系像旋涡星系一样都在旋转。

天文学家还发现一个奇特的现象。在银河系中，氧元素充满了大部分中心区域。这里十分明亮，有很多恒星。在这些区域中，大质量恒星制造氧元素并在爆炸时将其释放。但是蝌蚪星系则相反：它们明亮头部中的氧元素，比暗弱尾部中的更少。"这非常奇怪。"桑切斯·阿尔梅达说。

天文学家借助古老的星际气体，解释了这一令人惊奇的发现，相关研究结果发表在2013年4月10日的《天体物理学杂志》上。宇宙大爆炸以来，星际气体几乎没有发生过变化。它们处于一种原始的状态，所含的元素比氧元素轻得多。按照天文学家的解释，大量这种含氧元素很少的气体进入一个初生星系盘后，形成了明亮的新恒星。这些恒星照亮了蝌蚪星系的头部，但是它们几乎不含氧元素。

如果这个想法是对的，这种奇异的星系就是名副其实的"蝌蚪"了——它们和蝌蚪一样，都是正在长大的新个体。

"银河系可能也经历过这个过程。"研究团队成员、国际商业机器公司研究院（IBM研究院）的布鲁斯·埃尔梅格林（Bruce Elmegreen）说。他认为蝌蚪星系向我们展示了这样的图景：数十亿年前，巨大的旋涡星系从蝌蚪星系周围聚集气体，形成旋转的恒星盘，并最终成长为银河系这样的超级星系。

星际气体
哺育星系

撰文 | 罗恩·考恩（Ron Cowen）

翻译 | 王栋

天文学家无意中发现了星系迅速长大的线索。

早期宇宙中的年轻星系是如何壮大，变成我们今天看到的庞然大物的呢？10多年前，天文学家就提出过一种解释：在早期宇宙里，星系中的新生恒星通过吸收冰冷的星际气体来获得能量并不断壮大。以色列的天体物理学家阿维沙伊·德克尔（Avishai Dekel）发现，星际气体流就像"养分"输送管道，穿过新生星系的炽热气晕，为年轻星系提供成长所需的"养分"。但这种由冰冷气体构成的暗淡"细流"很难被观测到。

不过一个偶然的机会，宇宙中一条星系气体输送线露出了真容。德国的尼尔·克赖顿（Neil Crighton）和同事仔细研究了一个遥远、明亮的类星体。在宇宙仅约30亿岁时，该类星体发出的光在传向地球的途中照到了一个挡路的星系，其中一些特定波长的光被挡路星系吸收，留下了"养分"气体的光谱记号。

克赖顿在《天体物理学杂志通讯》上发表了这项研究结果。他介绍，环绕在那个年轻星系周围的气体具有猜想中的冷吸积流的所有特征，比如低温、高密度，而且除了宇宙大爆炸时形成的氢和氦外，气体中其他元素都很少。

不过德克尔认为，单单获得一次观测结果，还不能算是成功。他说："要令人信服，我们必须观测到更多这类证据。"

幽灵般的
后发星系团

撰文 ｜ 肯·克罗斯韦尔（Ken Croswell）
翻译 ｜ 李宁曦

蜻蜓长焦镜阵列拍摄到的后发星系团，看起来就像弥散在太空里的幽灵。这个幽灵般的星系团中包含的暗物质更为它增添了传奇色彩。

英文中的"星系"一词源于希腊语的"牛奶"。如果说我们通常所指的星系是"全脂牛奶"的话，那么还有一些星系，它们是完完全全的"脱脂牛奶"。

人们通过一个小型望远镜阵列无意中发现了47个超稀疏的星系。这些星系内恒星之间的距离如此之远，看起来就像弥散在太空里的幽灵。其中的几个星系所占据的空间与银河系相当，但包含的恒星数量却只有银河系的1/1,000，因此它们看起来相当暗淡。没人知道这些暗淡的星系是如何产生的。

天文学家通过位于美国新墨西哥州的蜻蜓长焦镜阵列对这些星系进行观测后，才对它们有了更深入的了解。加拿大多伦多大学的天文学家罗伯托·亚伯拉罕（Roberto Abraham）说："我们总会情不自禁地去观测后发星系团。"后发星系团距离地球3.4亿光年，包含了数以千计的星系。上世纪30年代，天文学家首次在此探测到了暗物质，为这个遥远的星系团增添了传奇色彩。

蜻蜓长焦镜阵列记录到的影像果然不负众望。亚伯拉罕的研究团队从影像上辨认出了一些标志着大型稀疏星系的模糊斑块。幸运的是，哈勃空间望远镜在另一项与此无关的研究中，也观测到了这块区域，因此我们了解到了更多细节。这些星系看起来和银河系大不相同：它们有光滑的边界，看上去近似球形，却缺少形成恒星所需的气体；它们很像矮椭球星系，但又比矮椭球星系大得多。上述发现发表在2015年1月的《天体物理学杂志通讯》上。

这些奇特而又难以探测的星系是如何形成的呢？该研究团队的成员、美国耶鲁大学的天文学家彼得·范多克姆（Pieter van Dokkum）认为，这些星系曾经也有机会变得如银河系般璀璨，但或许是由于超新星爆发，星系的气体在制造出大量恒星之前，就被驱散到了后发星系团中。而这些星系能保持如此稀疏的形态，没有被星系团内其他星系的引力撕裂，很可能是因为它们包含了大量的暗物质。

我们还无法测量出这些星系的质量，因此也就无法确切地知道它们包含了多少暗物质。但是美国亚利桑那大学的天文学家克里斯·英庇（Chris Impey）告诉我们，这些行星是天然的暗物质实验室。如果暗物质能发出宇宙射线，那我们就会在这些星系中观测到。

后发星系团（右下图）中的某些星系如此稀疏，和草帽星系（左上图）相比，它们实在暗淡得很。

水母星系源于
星系团碰撞？

撰文 ｜ 肯·克罗斯韦尔（Ken Croswell）

翻译 ｜ 沈添怿

在浩瀚的宇宙中，游荡着一些形似水母的星系。这些罕见而美妙的水母星系是怎么诞生的？研究人员正在寻找答案。

与大海里有水母一样，广阔的太空中也有类似水母的星系游荡着。近些年来，天文学家注意到了一些旋涡星系，它们拖着由气体和年轻恒星构成的蓝色"卷须"，看起来就像水母一样。研究人员搜寻了更多相似的奇特星系，或将揭示它们的起源之谜。

为了定位这些水母状天体，美国夏威夷大学马诺分校的天文学家康纳·麦克帕特兰（Conor McPartland）、哈拉尔德·埃贝林（Harald Ebeling）和同事对63个星系团进行了搜索，那里炽热的气体中藏着无数巨大的星系。研究团队先前认为，如果旋涡星系不幸掉入星系团，星系团炽热的气体会剥去旋涡星系中的气体，形成孕育恒星的条带状区域。一些最明亮的年轻恒星会闪烁蓝光，这就是"水母触手"颜色的来源。通过搜索，研究团队一共找到了9个先前未被发现的水母星系。

但是，有些事情却出乎意料。埃贝林说："这些水母星系没有朝星系团的中心运动，这一点非常有趣。"由于星系团引力的拉扯，这些水母星系本该朝着星系团的中心运动，而我们可以通过"水母触手"来判断其运动方向。但是这些水母星系却在向着不同方向运动。同样，水母星系的位置也很奇怪——它们都在星系团的外围。这些观察结果暗示，水母星系的诞生可能需要两个星

距我们2.2亿光年处，一个水母星系正在朝一点钟方向移动。

系团的碰撞。在此过程中，一个星系团中高速运动的星系撞击并穿过了另一个星系团中的炽热气体。在此之后的混沌中，星系将朝着各个方向运动，而新的数据也体现了这一点。该研究成果刊登在2016年1月的《皇家天文学会月刊》上。

研究人员正计划检测水母星系所在的星系团气体，来验证他们的想法。星系团气体温度很高，会发射出X射线。而在星系团碰撞假说中，孕育水母星系的星系团与其他星系碰撞时，碰撞出的气体的温度应该是极高的。因此，如果对X射线的观察能够证实这一点，那么水母星系便是一场灾难的余波。

在剧烈的撞击之后，水母星系诞生了，它们终将失去全部气体，蜕变为椭圆星系——气体贫乏，没有绚丽旋臂来孕育恒星的平淡无奇的天体。

话题九
探索宇宙深处
的秘密

　　神奇的宇宙以其无穷的魅力吸引着人们去探索。人们发送了各种探测器来捕捉来自宇宙的信号。从低频无线电波到引力波，从宇宙微波背景辐射到重子声波振荡，这些常常被人们忽略的信号中或许就隐藏着宇宙那些不为人知的秘密，等待人们去发现。

搜寻
外星人信号

撰文 | 蔡宙（Charles Q. Choi）
翻译 | 王栋

通过探听宇宙深处的极微弱信号，科学家不但可以获得关于星系诞生的古老信息，还有可能发现地外文明。为了能够完成这项任务，几万部无线电天线被连接在一起，组成了功能强大的射电望远镜。

通过国际互联网，把44,000多部无线电天线连接起来，就组成了人类有史以来建造过的最壮观的射电望远镜之一。它的任务是扫描大部分尚未被监测的无线电频段，搜寻宇宙中诞生的第一批恒星和星系。并且，它还能寻找地外文明发出的无线电信号。

这个望远镜阵列用于监测低频无线电波——在宇宙最初的"黑暗时期"里，统治宇宙的低温氢气云辐射出的极微弱信号，就是这种电磁辐射的一个主要来源。一颗颗恒星由氢气云旋转汇聚形成，它们第一次照亮原本黑暗的宇宙，因而应该会在这片氢气云中留下片片"斑痕"。通过分析来自这种气体云的无线电信号随时间如何变化，科学家就能在很大程度上弄清楚，第一批星系是如何形成的。

这部低频阵列（LOFAR）由位于荷兰、德国、法国、瑞典和英国的48座观测站的天线组成，它们全部由光纤连接。国际LOFAR望远镜委员会主席海诺·法尔克（Heino Falcke）说，来自这些观测站的信号会汇总到一台超级计算机中，让这个望远镜阵列成为有史以来最复杂、最多能的射电望远镜。

LOFAR能在45天内，扫描整个北方天空，最大分辨率相当于一台直径620

英里（约998千米）的望远镜。荷兰射电天文研究所的米海尔·怀斯（Michael Wise）说，LOFAR还具有可扩展性。也就是说，研究人员可以随时加入更多的观测站。

除此之外，LOFAR的反应速度也很快——它能测量到十亿分之五秒内发生的事件。由于LOFAR实际上是由许多射电望远镜组成的"网络"，这意味着它能同时承担数个不同的科研项目。

接下来的几年里，作为"地外文明探索"的一部分，该阵列还将扫描以前被忽略的低频区中的人造无线电辐射信号。

LOFAR在荷兰的观测站

绘制宇宙
"地图"

撰文 | 约翰·马特森（John Matson）
翻译 | 王栋

想在太空遨游，一张宇宙"地图"必不可少。借助天文测绘得到的天体"地图"，我们不仅可以了解自己在宇宙中的确切位置，还可以获得数十亿个恒星和星系的详细位置。而随着更多新一代望远镜投入使用，天体"地图"的精度还将大幅度提高。

就像测绘员通过测量角度、距离和海拔来对一块土地进行绘图一样，天文学家长期以来也在为宇宙中的天体绘制能标明其位置的"地图"。

这些"地图"很快将迎来一次精度更高的改版。随着使用地面望远镜或探测飞船进行的太空观测活动越来越多，我们将获取许多新的细节。将所有这些研究项目汇总，我们将得到数十亿个恒星和星系的详细位置信息。

下一代空间望远镜"欧几里得"将通过为期6年的太空扫描，为多达20亿个星系绘制三维"地图"。这项任务由欧洲空间局批准，望远镜原计划于2020年发射升空。"欧几里得"将扫描大约三分之一的太空，以测量其中星系的位置和距离。人们希望，通过了解宇宙结构分布能够找到关于暗能量性质的某些线索。暗能量是驱动宇宙加速膨胀的关键，但至今人们还未能观测到。

于2013年发射的欧洲空间局"盖亚号"探测器，可以实现对局部天体图的显著改进。在抵达远超月球轨道的深空后，"盖亚号"探测器将为约10亿颗恒星绘制标明位置和距离的天体图。"'盖亚号'的主要科学目标是解决我们银河系的结构和动力学问题。"欧洲空间局"盖亚号"项目的项目科学家蒂

"盖亚号"探测器将为约10亿颗恒星绘制三维天体位置图。

莫·普鲁斯蒂（Timo Prusti）解释。

同时在地面上，许多新的测量项目也在南半球纷纷上马。那里的天体图"绘图员"期待，他们得到的结果将能提供重要信息。作为参照，位于北半球的、所有天文测绘项目的"老前辈"——美国的斯隆数字化巡天项目已经详细绘制了超过100万个星系的三维"地图"，除此以外它还取得了许多其他成就。

最有可能改写南半球天体测绘纪录的望远镜是位于智利的大口径全天巡视望远镜（LSST）。预计它于2022年投入使用后，将拥有一面8.4米口径的主镜（与之相比，斯隆数字化巡天使用的是2.5米望远镜），以及一部32亿像素的照相机。这部巨型望远镜将通过对太空每周一次的拍照来捕捉持续时间很短的现象，例如超新星爆发和有潜在威胁的近地小行星飞掠。在这一过程中，它还将为约40亿个星系标注三维坐标。

"盖亚号"：
绘制银河系新图景

撰文 | 香农·霍尔（Shannon Hall）
翻译 | 张哲

新的探索任务已经启动。通过绘制高精度的银河系"地图"，天文学家可以更好地理解恒星物理学和银河系的历史。

天文学家将展开一幅新的宇宙图景。2013年底，欧洲空间局发射了"盖亚号"探测器。它将在为期5年的任务中，以前所未有的精度绘制宇宙星图，而它获得的第一批恒星坐标已经发布了。任务完成后，这幅星图将能以极高的分辨率，准确定位银河系及周边星系中约10亿颗恒星的位置，甚至能够辨认出5微角秒的物体，这相当于在地球上能看见月球表面的一枚硬币。"盖亚号"装备的10亿像素摄像机，还能够记录每颗行星的距离和二维速度，让我们有机会重新认识周边星系。

美国哥伦比亚大学的天文学家凯瑟琳·约翰斯顿（Kathryn V. Johnston）认为，绘制这幅星图的意义相当于首次描绘出了地球大陆的景象——把只有模糊的蓝、绿色块的图像，变成了一幅绘有山川溪谷的画面。"奇怪的是，人类对银河系并不比对其他星系了解得更详细，"约翰斯顿说，"这可能是因为我们身处银河系之中，无法给自己的星系拍一个全景。不过'盖亚号'将完成这项任务。"

负责"盖亚号"项目的科学家蒂莫·普鲁斯蒂称，新星图备受关注，在2016年9月首批数据发布的当天，就至少有1万人访问了数据库。这批发布的数据中包含10亿颗恒星的初步位置，以及星空中最明亮的200万颗恒星的距离和侧向运动信息（后续数据发布后数字还会增加）。之后还会发布银河系中离我们更远的恒星的距离和运动数据，从而形成连续星图——以太阳为中心向外延展，就像池塘中的波纹一样从中心向外扩散出去。

目前已经有了很多发现。比如，"盖亚号"项目的科学家已经使用这些初步结果，解决了有关昴星团（著名的"七姐妹星团"）距离的争论。这个争论源于"盖亚号"的"前任"——"依巴谷"卫星任务发布的最后一批数据。这些数据非常重要，因为如果没有距离，天文学家就无法确定任何恒星的亮度或半径。不过，对昴星团测量的准确性同样重要（"依巴谷"的测定值是错误的），因为昴星团是理解恒星起源的基准星团。普鲁斯蒂称："建立关于年轻恒星的理论非常困难，因为它们并不稳定，有多种可能的变化。因此需要保证观测的准确性，以建立更精确的模型。"

其他研究团队也在使用这些新的数据，研究一些不同寻常的恒星（比如看起来特别亮或特别暗的恒星，以及移动速度特别快或特别慢的恒星）。美国普林斯顿大学的天文学家戴维·斯珀格尔说："天文学家认为自己已经很了解恒星运动。但我怀疑，随着更精确数据的发布，我们也许会发现一些在大方向上没问题，但在细节方面会颠覆我们认知的内容。"行星科学家对"盖亚号"发布的数据也非常感兴趣，因为他们需要寻找有行星的恒星。尽管"盖亚号"还没有发现任何这样的恒星，但科学家希望，它最终可以发现数千甚至数万颗这样的恒星。

尽管在2016年9月已经收获了一大批数据，天文学家仍在热切盼望着"盖亚号"的后续的观测数据（还会发布4批数据）。美国纽约大学的天文学家戴维·霍格（David W. Hogg）称，尽管用第一批数据就已经有很多内容供研究人员研究了，但当该任务结束时，需要研究的将远不止于此。所有的数据将于2022年发布，届时研究人员将能实现此次任务的主要科学目标：揭示银河系的结构和演变，从而理解银河系狂暴的历史。比如，银河系中有些恒星原本诞生在其附近的小星系内，但后来庞大的银河系吞并了它们所在的小星系。如今，那些小星系的残骸还能以贯穿星空的微弱恒星流的形式被看到，为我们提供周恒星是宇宙的地标。

——约翰·赫舍尔（John Herschel）

边星系演化的时间线索。约翰斯顿说："你能够发现曾经存在的星系，它们曾经的轨道，以及与它们有关系的恒星。因此，你能还原银河系吞并其他星系的历史。"

我们现在还无法确定"盖亚号"将书写怎样的传奇。除了完成主要科学目标，它还会观测银河系中数千个非恒星物体，或许还能绘制出银河系中的暗物质分布，确定数十万个类星体（古代星系仍在燃烧的内核）的位置。普鲁斯蒂说，从长远看，由于提供了准确的观测位置，"盖亚号"还能改善其他望远镜的观测结果。同时，霍格还在美国纽约和德国海德堡组织了名为"盖亚冲刺"的活动，让天文学家们有机会共聚一堂，共同探索如何更好地利用这些数据。霍格说："'盖亚号'打开了发现的大门，我认为这是它的意义所在，同时这也是每个人都很兴奋的真正原因。它将带给我们一个新的世界，而首批数据的发布只是这个新世界的精彩预告片。"

"盖亚号"的分辨率比哈勃空间望远镜高数十倍。

Virgo引力波探测器
重新上线

撰文 | 凯瑟琳·赖特（Katherine Wright）
翻译 | 李想

Virgo引力波探测器于2017年重新上线，与LIGO一起帮助科学家搜寻引力波源，锁定波源区域。

2016年初，人类第一次探测到了拂过地球的引力波。激光干涉引力波天文台（LIGO）的两台具有极高灵敏度的探测器（分别位于美国华盛顿州和路易斯安那州）探测到了两个黑洞合并所引起的时空扭曲。5个月后，科学家宣布了这一消息。世界为之轰动，这一发现成为了2016年最重要的一则物理学新闻。自1916年爱因斯坦首次预言引力波以来，物理学家已经努力了近百年的时间，希望能找到引力波存在的直接证据。

与突破相伴而来的是不少亟待解答的疑问。首要问题是这些引力波从何而来。如果一切进展顺利，科学家很快就能追踪到引力波源，开始进一步探测。

2017年春天，物理学家们一直忙着让第三台引力波探测器Virgo（位于意大利比萨附近）重新上线运行。2015年9月，也就是LIGO收到两个引力波信号的时候，Virgo正处于线下升级中。科学家希望三台大型探测设备能有效地提高寻找引力波源的工作效率。如果"一击三中"（即三个探测器都探测到了同一个引力波），那么陆基望远镜就能瞄准探测器锁定的三角区域，也就有可能找到激发引力波的碰撞地点。

引力波探测器的外形就像一个大写字母"L"，张开的双臂长达数千米。探测器能探测到引力波引发的比质子直径还小的臂长变化。但如果只有一台超

Virgo相互垂直的双臂（图中仅显示了其中一支），每臂长逾3千米。Virgo在真空环境下运行，以保证其中的光学系统不受干扰。这套系统对引力波造成的时空扭曲极为敏感。

灵敏探测器，科学家就无法区分引力波导致的时空扭曲所引起的臂长变化和环境中其他振动引起的臂长变化。此外，每台探测器还要负责一片不小的星空范围，视野需要覆盖地球周围40%的星空——大致相当于你站在一片沙漠里抬起头原地转圈所看到的星空范围——然后试图从这片星空中找到一颗暗弱的恒星。这就好比一个人身处广袤的沙漠，一边打转一边还要找到一颗晦暗不明的星星。

LIGO需要两台探测器一起工作还有另一个原因。引力波以光速传播，但除非引力波同时正对着两个探测器，否则两个探测器检测到的扭曲信号总会有毫秒级的时差。科学家就可以利用这个时间延迟计算出碰撞所在的方向，这样便可以缩小寻找引力波源的范围。根据2015年的观测数据，该范围已经缩减到星空的2%，但对于目标搜寻而言这个范围还是太大了。

升级后的Virgo将加入探测工作。升级之前，以Virgo的灵敏度，它连能量最高的引力波也无法探测到。而现在，能提高灵敏度的新反射镜、真空泵还有激光器（皆用于探测设备臂长的微小变化）都一一安装，电路设备也一再检修。新的硬件设施安装完毕，可能干扰引力波信号的普通振动也将被滤除。科学家夜以继日地工作，让Virgo在2017年尽早投入使用，此后LIGO的探测器就能停机检修了。

罗马大学物理学家、Virgo发言人富尔维奥·里奇（Fulvio Ricci）说，完成升级的Virgo运行后，引力波源在星空中的范围应该能再缩小5倍。埃多·伯杰（Edo Berger）是美国哈佛大学的一位天体物理学家，他用望远镜研究了LIGO和Virgo发现的引力波，并进行了修正分析。伯杰认为："第三个探测器加入探测网络后，引力波源的位置应该会更清楚，波源的寻找将从一项不可能完成的任务变成一项艰巨的任务。"

不过事情并不是毫无希望。黑洞碰撞并不是唯一一种能扭曲时空的天文事件。与黑洞碰撞不同，一些天文事件会辐射可见光或者其他能被望远镜观测到的电磁波。比如超新星爆发的余波，或者从正在合并的黑洞视界边缘发出的高

意大利比萨附近的Virgo引力波探测器于2017年重新上线。由此，3个坐落在世界不同角落的探测器实现了联合探测。

能射线，又或者两颗中子星相撞时及中子星被黑洞俘获时发出的可观测信号。目前引力波探测器还没有探测到这类事件导致的时空涟漪，但只要一发现，伯杰和其他天体物理学家便会将他们早已准备好的望远镜，转向那片由3个而非2个探测器锁定的星空。更小的搜索范围意味着更小的天文望远镜也能加入寻找任务，记录下这些事件可能发出的令人眼花缭乱的电磁波。

如果让3个探测器共同运行1个月的时间，那么即便没有罕见的天文事件发生，这段时间也足以观测到来自黑洞合并发出的引力波了。

合作观测可能会让LIGO和Virgo的运营团队考虑延长设备的运转时间，LIGO团队的成员、宾夕法尼亚州立大学物理学家萨蒂亚普拉卡什（B. S. Sathyaprakash）说："如果结果令人兴奋，计划就可能会改变。"这将是天体物理学翻开新篇章的一个好兆头。

宇宙

向南？

撰文 | 迈克尔·莫耶（Michael Moyer）
翻译 | 王栋

一直以来科学家都认为宇宙在各个方向上是一样的，然而目前的一些研究证据却有可能动摇这种传统观点——微波背景辐射的分布和超新星的移动似乎都在暗示宇宙是有方向的。而普朗克卫星传回的数据或许能帮助科学家找到答案。

宇宙既无中心也无边界，在遍布天穹的点点星光中，没有任何区域显得与众不同。无论从什么地方看，宇宙都是一样的（或者说，物理学家们是这样认为的）。但这个堪称宇宙学一大基石的理论已经开始动摇了，因为天文学家发现，宇宙空间具有一个特殊方向——尽管目前的证据还不足，但新证据在不断增加。

第一批证据，也是最完备的数据来自宇宙微波背景（CMB）——宇宙大爆炸后的"余温"。这种残留辐射在宇宙空间的分布是不均匀的，有些区域热，有些区域冷。但近些年来科学家发现，这些或冷或热的区域并不像我们想象的那样随机分布，而是以某种方式排列起来，指向宇宙中的一个特殊方向。宇宙学家给这个特殊方向赋予了一个足够吸引眼球的名字——"邪恶轴心"。

在对超新星的研究中，科学家发现了更多线索。超新星意味着恒星的末日到来，是一种能够在短时间内照亮整个星系的恒星爆发。宇宙学家一直在利用超新星来标示宇宙加速膨胀（相关成果获得了2011年诺贝尔物理学奖），而细致的统计研究显示，在稍微偏离"邪恶轴心"的一个方向上，超新星甚至移动

星系在某些方向上移动得更快一些。

得更快。与此类似，天文学家测量发现，星系团正在以每小时100万英里（约每小时160万千米）的速度穿过宇宙空间，朝着南方的一个区域鱼贯而行。

这些意味着什么？可能什么都不是。"这些或许只是一个巧合。"美国密歇根大学安阿伯分校的宇宙学家德拉甘·哈特勒（Dragan Huterer）说。也许是测量上的一些小误差（尽管已经尽可能排除）在不经意间影响了数据。还有可能，哈特勒说，也许我们所看到的确实是"某种令人震惊的事"的初步迹象。宇宙最初的爆炸式膨胀所持续的时间可能比我们先前所认为的长了那么一点点，造成宇宙有些许倾斜，直到今天仍是那样。美国凯斯西保留地大学的宇宙学家格伦·斯塔克曼（Glenn D. Starkman）认为，还有一种可能是在大尺度上，宇宙或许像管子一样卷了起来，在一个方向上是卷曲的，而在其他方向上都是平直的。当然，也可能是使宇宙加速膨胀的暗能量在不同地方起着不同的作用。

当前，所有数据都只是初步结果，只能轻微地暗示，我们对宇宙的传统认识可能有偏差。科学家正在迫切期待着普朗克卫星传回的数据，该卫星目前待在绕地轨道上的一个安静地方，测量宇宙微波背景辐射。它要么会确认先前的有关"邪恶轴心"的测量结果，要么会证明这只是一个错误。在那之前，谁也不知道宇宙到底有没有方向。

宇宙
不均衡？

撰文 | 蔡宙（Charles Q. Choi）
翻译 | 郭凯声

科学家发现宇宙可能是不对称的，而且普朗克卫星传回的数据也证明了这一点。科学家期待获得更多的探测数据来解释宇宙的失衡。

10多年前，宇宙学家们开始猜测，宇宙的模样可能有点古怪，呈一种两边不对称的形状。

宇宙失衡的线索来源于大爆炸的余波，即宇宙微波背景（CMB）。在CMB中，分布着许多冷热不均的"斑块"，对应于物质密度的起伏。从2003年开始，美国国家航空航天局威尔金森微波各向异性探测器（WMAP）的数据显示，宇宙的一侧比另一侧要热。但是，此发现与宇宙学中的一个流行观点相冲突。该观点认为，宇宙是在早期的一次急速扩张期间（称为暴胀）以迅猛之势膨胀开来的，而此过程本应使CMB呈现一种基本均匀的分布形态。

2013年，支持失衡说的论据骤然变得有力了。欧洲空间局的普朗克卫星（比WMAP更新、更灵敏）传回了证明宇宙不对称的证据，其可靠性与WMAP的数据相当。于是，现在我们面临的问题是，这个谜团的出现究竟是要我们对宇宙学来一番反思，还是此种失衡只是与某种可能性极小，但最终依然能够得到解释的现象有关。

美国国家航空航天局喷气推进实验室的宇宙学家克日什托夫·戈尔斯基（Krzysztof M. Gorski）说："几年前，根据一些科学家对公开发布的WMAP数据进行的分析，人们就提出了宇宙失衡的说法。而现在，我们又从普朗克卫星获得了同样的数据，为这些说法提供了令人信服的证据。"

虽然CMB中出人意料的温度差异似乎已经变得可信，但这种差异依然难以解释。挪威奥斯陆大学的宇宙学家亚别巴尔·凡塔耶（Yabebal Fantaye）与戈尔斯基及其他一些研究人员合作，根据宇宙演化的标准模型，对CMB应该呈现何种模样进行了一万次模拟。这些研究人员在《天体物理学杂志通讯》上发表文章称，其中仅有7次模拟的结果与WMAP数据显示的情景相似。换言之，标准的宇宙学模式可以容得下失衡的宇宙，但仅仅是勉强容得下。"它肯定是有可能发生的，但可能性并不很大。"凡塔耶说。

研究人员已经在探索这样一个前景：宇宙的不对称性或许揭示了某种新的可能性，也许是某种能量场使初生的宇宙发生了扭曲，也许是我们这个宇宙在与另外一个宇宙碰撞时受伤了。普朗克卫星的研究团队公布的有关CMB的偏振数据有助于解答这个问题。偏振是一种用来描述CMB光子振动方式的物理概念；有关偏振的数据或许有助于我们辨别，宇宙失衡是需要用上述这些宇宙学中的新构想来加以解释的现象，还是一种依然可被塞进流行理论框架内的意外现象。

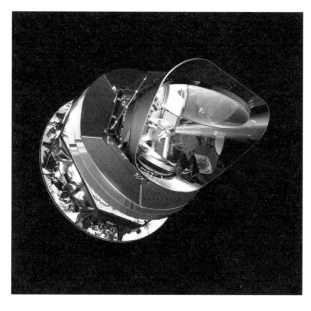

普朗克卫星已经退役。它在2009到2013年间对CMB进行了探测。

缺失的 宇宙纪元

撰文 | 戴维·卡斯泰尔维基 (David Castelvecchi)

翻译 | 王栋

新的理论计算能将爱因斯坦广义相对论的适用范围,推进到宇宙诞生的最初那一瞬。

宇宙大爆炸后的那一瞬,宇宙经历了被称为"暴胀"的爆炸性快速膨胀。根据标准宇宙学理论,这一阶段中能量微小波动的"涟漪",就是我们今天看到的星系及其他大尺度结构的"种子"。然而,没有人能解释这种"涟漪"自身究竟是如何产生的。

2013年,三位物理学家宣布,产生这种波动的关键在于"量子引力"——一个仍处于假想中的理论,其中的引力也具有在亚原子物理学中典型的、模棱两可的"不确定性"。

基于爱因斯坦广义相对论的标准宇宙学理论,无法解释能量涟漪的产生,因为该理论在极小的尺度上就失效了。在宇宙刚刚开始膨胀前的几乎无限短的一瞬间(普朗克时间)内,整个已知宇宙局限在比一个原子还要小几个量级的区域里。如果一直回溯到那个时段,相对论就会给出不合理的结论,比如说能量密度无穷大。

为了将爱因斯坦理论的适用范围扩展到这种极端区域内，研究人员发展出了一个名为"圈量子引力"的理论。从上世纪80年代起，阿布海·阿什特卡（Abhay Ashtekar，后来任职于美国宾夕法尼亚州立大学）对爱因斯坦的方程式进行修正，以使它们同量子理论相容。这样做的结果之一是，空间本身不再如同一块平滑的幕布一般，而是由离散的、被称为"圈"的单元构成；并且，这些"圈"的微观结构还能在同时共存的多种"态"之间振荡。近年来，物理学家还发现，如果圈量子引力理论正确的话（仅仅是如果，因为到目前为止还没有丝毫的实验证据支持它），那么大爆炸其实是我们以前另一个坍缩宇宙的"大反弹"。

现在，阿什特卡的研究组表示，将圈量子引力理论进一步扩展，它就能填补处于大反弹（普朗克时间内）和目前宇宙膨胀之间那段缺失的空当。此外，它还能解释那些极其重要的，决定我们人类最终得以出现的涟漪的产生。经过计算，研究人员发现，这些涟漪是大反弹时期量子波动的自然产物。

不过，该研究组的预测同那些"气球膨胀模型"有些许不同。这种不同所导致的宇宙演化结果的差异，可由将来对宇宙结构的探测来检验，阿什特卡解释。

在《物理评论快报》上发表的这一结果，提供了一种"能将宇宙膨胀过程回溯到普朗克尺度之内的自洽理论"，阿什特卡总结。

量子引力或许是今天大尺度宇宙结构形成的原因，这一结论"非常漂亮而且令人惊叹"，美国路易斯安那州立大学量子引力理论专家豪尔赫·普林（Jorge Pullin，未参与该项研究）评价。

加拿大安大略的佩里米特理论物理研究所的主任尼尔·图罗克（Neil Turok）说，阿什特卡的研究组仍需要进行"人为的假设"才能将宇宙膨胀的起始推回到更早的时间。

"圈量子引力理论具有许多有趣的想法，"图罗克评价，"但如果当成得出进一步预测的根据，它还不够成熟。"

倾听宇宙
大爆炸的回声

撰文 | 克拉拉·莫斯科维茨 (Clara Moskowitz)
翻译 | 王栋

原初引力波遗留的痕迹，向我们透露了初期宇宙暴胀是何时发生的，以及是如何发生的。

宇宙暴胀理论又胜了一局！这个认为宇宙在大爆炸后，经历过一段急剧膨胀过程的理论，有了强有力的证据支持。2014年3月，物理学家证实了宇宙暴胀理论的一个重要预言。在南极进行的"银河系外宇宙偏振背景成像2"（BICEP2）实验，发现了原初引力波（早期宇宙暴胀时期产生的时空交织的涟漪）的证据。物理学家认为，这一发现不仅是宇宙曾经历过暴胀的主要证据，而且还让众多描述暴胀的不实理论由此出局。"这确实大大缩减了那些曾经看似合理的暴胀候选模型的数量。"美国约翰斯·霍普金斯大学的马克·卡明科夫斯基（Marc Kamionkowski）说。卡明科夫斯基虽然没有参与上述实验，但早在1997年，他就和其他科学家一同提出了如何发现引力波"痕迹"的理论——用他的话来说，"这不是在稻草堆里找一根针，而是在满满的一大桶沙子里找一根针"。

从宇宙大爆炸之后不久出现的、残留到现在的"光"（宇宙微波背景辐射）中，BICEP2实验发现了一个所谓的"原初B模式极化"。大致说来，光在极化方向（电磁振荡的取向）上发生了一点点弯曲，这只可能由暴胀产生的引力波导致。"我们发现了暴胀的确凿证据，而且还生成了遍布宇宙的引力波的首幅图像。"美国斯坦福大学的郭兆林（Chao-Lin Kuo）介绍。他是该项研究的领军人之一，并设计了BICEP2的探测器。

在物理研究领域，如此重大的发现还需其他实验证实才能真正被认可。然而目前得到的结果已预示了宇宙学的一个重大成就。"虽然不能说没有出错的可能，但我认为该结果极可能成立。"美国麻省理工学院的艾伦·古思（Alan Guth）说。他于1980年首次预言了宇宙暴胀。

目前，物理学家正在仔细分析这项重大发现，试图理清暴胀的时间线，以找到其他线索。BICEP2的测量结果显示，暴胀发生在宇宙大爆炸之后的一万亿亿亿亿分之一秒。那时，宇宙的能量极高，除了引力之外，当时自然界中所有其他的基本力（电磁力、强相互作用力和弱相互作用力）或许曾经为一种力。此外，这个新的测量结果还能够消除对暴胀理论持怀疑态度者的疑虑。暴胀理论的主要研究者之一、美国斯坦福大学的安德烈·林德（Andrei Linde）说："如果该发现得到证实，暴胀理论就可以说是这方面唯一的真理了。"

"吹起来"：膨胀的宇宙引发了拉伸、压缩时空的引力波。

宇宙深处的重子声波振荡：
暗能量存在的新证据

撰文 | 廖红艳

重子声波振荡是一把可靠、理想的"量天尺"。通过测量距离，它可以帮助我们重建宇宙的膨胀历史。

大爆炸发生约38万年后，宇宙中的第一束光挣脱束缚，开始自由飞翔。当这些最古老的光子传播到地球时，我们就观测到了宇宙微波背景辐射。对天文学家来说，这是一个幸运的时刻，因为那时的宇宙不仅给我们送来了二维的宇宙微波背景辐射图，还赐予我们一把可以测量宇宙三维结构的"量天尺"——重子声波振荡。

宇宙诞生之初，由于高温和高密度，物质是完全电离的，存在着很强的相互作用的物质和光统称为重子－光子流体（其中的物质主要是质子、中子等重子）。此时，宇宙原始声波（宇宙创生时留下的原始扰动在重子－光子流体中的传播）接近光速，导致重子－光子流体密度在有的区域大，在有的区域小。

直到宇宙诞生约38万年，物质冷却到了足够低的温度，物质和光开始分道扬镳。获得自由的光子，携带着原始宇宙的信息飞身而去。这些信息，我们可以在宇宙微波背景辐射图上看到。而随着光子离去，重子声波也戛然而止，就像布满涟漪的湖面突然冻结。由重子声波振荡导致的物质分布特征，也永久封存在了那一刻的时空中，并随着宇宙的整体膨胀被拉伸，如同气球上的图案随着气球的膨胀而变大。

对宇宙学家来说，重子声波振荡就是宇宙早期那段"热"历史的活化石。

"可以用重子声波振荡测量宇宙的几何性质，得到宇宙的膨胀历史，进而对暗能量的物理性质进行观测检验。"中国科学院国家天文台赵公博研究员向《环球科学》记者介绍。赵公博同时也是斯隆数字化巡天四期（SDSS-IV）子项目"扩展的重子声波振荡光谱巡天"（eBOSS）星系成团性工作组的联合组长。

2017年5月，eBOSS发布了最新成果，将这两年来确定的约14.7万个高红移（距地球较远）类星体的空间分布，与前期BOSS（重子声波振荡光谱巡天，SDSS-III子项目）确定的约100万个低红移（距地球较近）星系数据结合，绘制出了宇宙大尺度结构的三维图（见下图），并从星系分布规律中发现了显著的重子声波信号，从而独立证实了暗能量的存在。

这是科学家首次利用遥远的类星体探测宇宙膨胀的历史，重子声波振荡也由此成为继超新星、宇宙微波背景辐射后证明暗能量存在的又一独立证据。

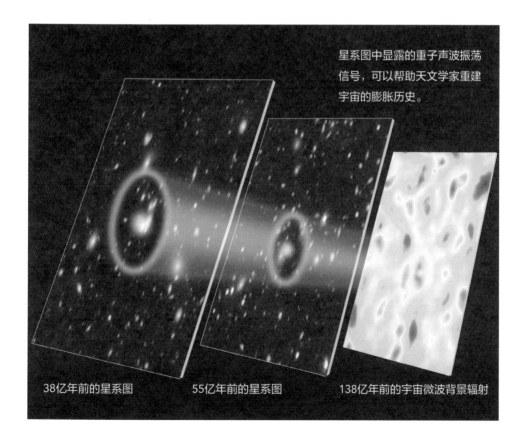

星系图中显露的重子声波振荡信号，可以帮助天文学家重建宇宙的膨胀历史。

38亿年前的星系图　　　55亿年前的星系图　　　138亿年前的宇宙微波背景辐射

"如果说宇宙微波背景辐射测量的是宇宙的二维投影，那我们对重子声波振荡的测量则是对宇宙进行的三维CT（计算机断层成像）扫描。"赵公博这样形容。想象一下，如果你拥有一把宇宙尺度的标准尺，把它垂直于视线方向放置在天球上，测量它张开的角度，你就能得知宇宙中天体的距离；把它沿着视线方向放置，测量它两端的红移差，你就能推断出此时宇宙膨胀的速度。

从宇宙微波背景辐射中，科学家已经观测到早期的重子声波振荡信号；现在从大规模巡天得到的宇宙大尺度结构三维图中，他们又得到了宇宙其他时刻的重子声波振荡信号。两者比较，便能推断出宇宙各个时刻的膨胀速度，进而了解宇宙的膨胀历史，推断暗能量的存在。

从人们提出重子声波振荡理论到实现初步测量，已经过去了40多年。现在，越来越多的科学家开始意识到，重子声波振荡正是他们梦寐以求的，最可靠、最理想的"量天尺"。但要想更精确地测量重子声波振荡信号，科学家还需要借助更广、更深的星系巡天。

"未来5～10年，"赵公博说，"我们将利用下一代更强大的星系巡天，包括暗能量光谱仪项目（DESI）、欧几里得空间望远镜计划（Euclid）、我国与日本、美国合作的大型星系观测项目（PFS）等，以更高的精度提取宇宙更深处的重要信息，对暗能量、引力、中微子质量等宇宙学前沿课题进行深入研究。"